唯美的钩编艺术

蕾丝花片钩编图集

Flower Lace Crochet

日本E&G创意 / 编著
叶宇丰 / 译

中国纺织出版社有限公司

目录

绚丽彩色花片
Colorful Doily

优雅纯色花片

One-Color Doily

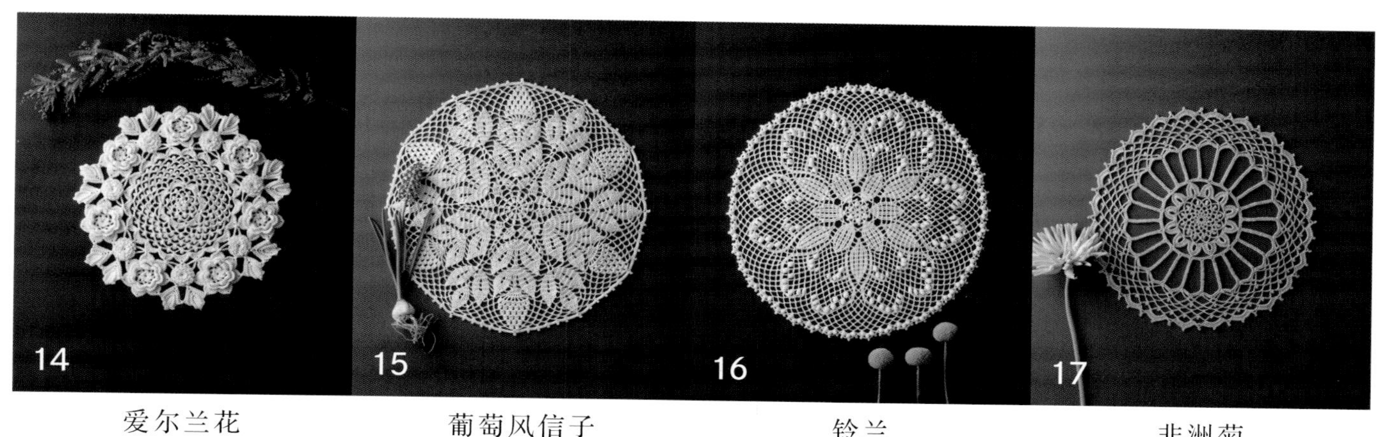

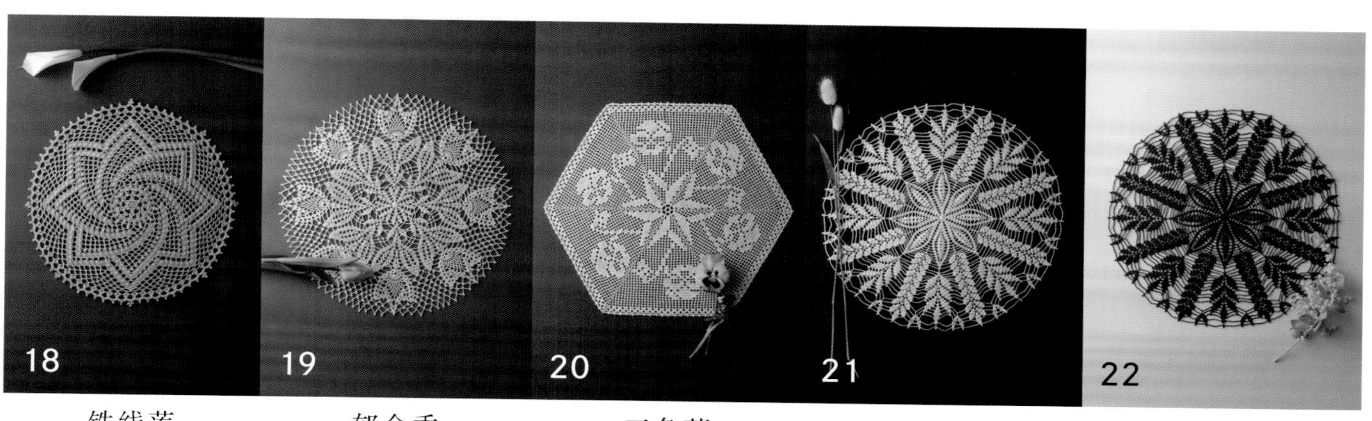

Colorful Doily

绚丽彩色花片

色彩丰富的花朵可以令房间的氛围一下子明亮起来。
在这里为大家介绍以色彩斑斓的花朵为原型的彩色装饰垫。
款式多样，有适合全年摆放的玫瑰花样，
也有向日葵、一品红等可以根据季节来放置的时令花朵。
每次看到它们，心情也会变得绚烂多彩，用美丽的花朵装点生活吧。

爱尔兰花

制作方法 p.40
尺寸 直径26cm

设计&制作　芹泽圭子
线材　Olympus　Emmy Grande<Herbs>

1

牡丹

制作方法 p.41
尺寸 直径22cm

设计&制作　远藤裕美
线材　DMC　CÉBÉLIA 10号

2

3

银莲花

制作方法 p.44
尺寸 27cm×24cm

设计&制作　远藤裕美
线材　Olympus　金票40号蕾丝线

4

金盏菊

制作方法 p.42

尺寸 直径25cm

设计 河合真弓 制作 关谷幸子

线材 DMC CÉBÉLIA 10号

绣球花

制作方法 p.46
尺寸 21cm×31cm

设计 河合真弓 制作 关谷幸子
线材 DMC CÉBÉLIA 10号

5

6

爱尔兰玫瑰

制作方法 p.48

尺寸 直径25.5cm

设计&制作　齐藤惠子（北尾Lace·Associate）

线材　DMC　CÉBÉLIA 30号

7

勿忘我

制作方法 p.43
尺寸 直径29cm

设计&制作　远藤裕美
线材　DMC　CÉBÉLIA 10号

8

9

报春花

制作方法 p.50
尺寸 26cm×26cm

设计&制作 冈鞠子
线材 Olympus Emmy Grande
Emmy Grande<COLORS>
Emmy Grande<Herbs>

玛格丽特

制作方法 p.54
尺寸 直径25cm

设计&制作　高桥万百合（北尾Lace·Associate）
线材　DMC　CÉBÉLIA 20号

10

11

向日葵

制作方法 p.51
尺寸 直径33cm

设计&制作　铃木圣羽（北尾Lace·Associate）
线材　DMC　CÉBÉLIA 20号

12

13

一品红

制作方法 p.56
尺寸 29cm×33cm

设计&制作　深泽昌子（北尾Lace·Associate）
线材　DMC　CÉBÉLIA 10号

One-Color Doily

优雅纯色花片

用一种颜色的蕾丝线钩织出艺术品般华美的纯色装饰垫。
在这里为大家介绍更能凸显手工品精致感的纯色款式。
有大朵大朵绽放着的花，也有垂坠着悄然盛开的花，
姿态各异，种类丰富。
请想象着完成后的样子，一针一针地钩织，
享受最幸福的时光。

爱尔兰花

制作方法 p.40

尺寸 直径26cm

设计&制作　芹泽圭子

线材　Olympus　Emmy Grande

15

葡萄风信子

制作方法 p.60
尺寸 直径31cm

设计&制作 芹泽圭子
线材 DARUMA 蕾丝线 30号 葵

20

三色堇

制作方法 p.66

尺寸 32cm×36cm

设计&制作 和田信子（北尾Lace·Associate）

线材 Olympus 金票40号蕾丝线

21

叶子

制作方法 p.68

尺寸 直径38cm

设计&制作　铃木久美（北尾Lace·Associate）

线材　Olympus　金票40号蕾丝线

22

23

花与蝶

制作方法 p.70
尺寸 直径29.5cm

设计&制作 波崎典子（北尾Lace·Associate）
线材 Olympus 金票40号蕾丝线

小花

制作方法 p.72
尺寸 直径33cm

设计&制作　芹泽圭子
线材　DARUMA 蕾丝线 30号 葵

24

25

百合

制作方法 p.74

尺寸 39cm×37cm

设计&制作　主代香织（北尾Lace·Associate）

线材　Olympus　金票40号蕾丝线

Enjoy Doily

花片的使用方法

你是否有钩织了许多花片却不知道怎样使用的烦恼呢？
在此为大家提供一些花片的使用思路。
可铺盖、可悬挂、可装裱、可缝合，
充分发挥你的想象力吧。

大小适中的花片用来做盖布最合适不过了。
盖布在生活的各种场景中都能得到运用，
也可根据你的想法增加它的用途。（使用作品9）

铺上花片，单调的托盘一下子变得华丽起来。
推荐在招待客人或是想装饰托盘的时候使用。
（使用作品16）

具有通透感的花片可以用来装饰架子。
试着将花片装饰在橱柜、壁橱、书架等各种各样的架子上吧。
（使用作品19）

把花时间精心钩织的花片装裱起来。
用富有季节感的花片装点室内，享受四季变换的乐趣。
（使用作品13）

铺在沙发上作为沙发罩，既可以保护家具，
又能作为室内装饰，一举两得。
（使用作品20）

将花片缝合在素色的抱枕套上，营造出华丽的氛围感。
花片与布艺的搭配十分协调，尽情发挥你的创意吧。
（使用作品1）

Basic Lesson

基础课程

内侧半针和外侧半针的挑针方法

◆ 挑内侧半针钩织

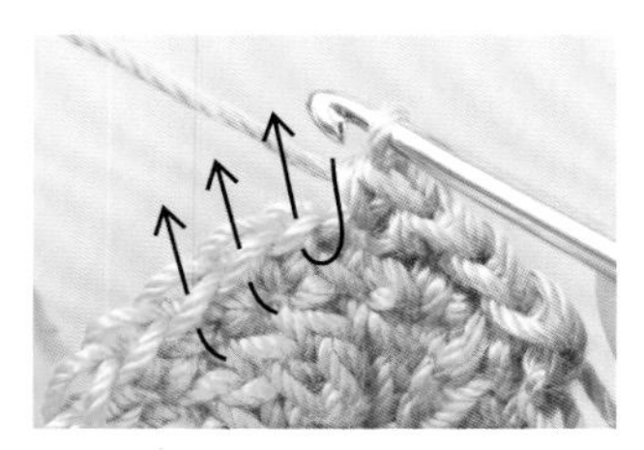

1 按照箭头方向，挑起顶部靠近自己的1根锁针线。

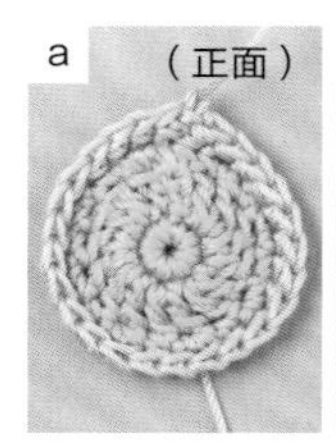

2 挑内侧半针钩织了1行后的状态（a）。b为织片反面的效果，在反面留下了剩余的半针。

◆ 挑剩余的外侧半针钩织

1 将之前钩好的部分往前翻折一下，按照箭头方向挑剩余的1根锁针线钩织。

2 挑起剩余的外侧半针钩织数针后的状态。织片分为了前后两个部分。

◆ 挑外侧半针钩织

1 按照箭头方向，挑起顶部远离自己的1根锁针线。

2 挑外侧半针钩织了1行后的状态。内侧的半针被剩了下来。

◆ 挑剩余的内侧半针钩织

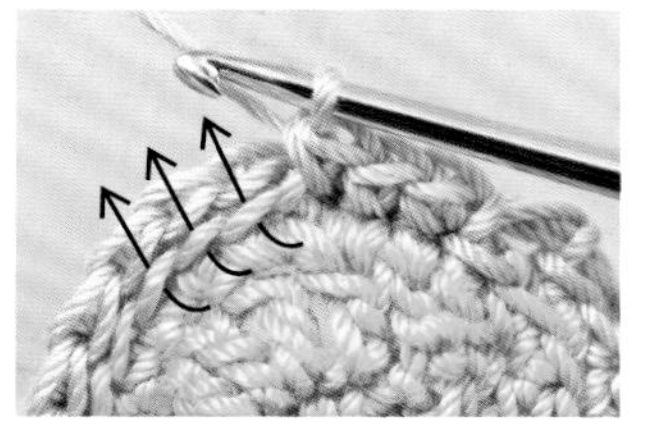

1 按照箭头方向，挑起内侧剩余的1根锁针线。

2 挑起剩余的内侧半针钩织数针后的状态。织片分为了前后两个部分。

挑针脚钩织的方法

◆ 短针的情况下

1 按照箭头方向，在反面挑起指定短针针脚的2根线钩织。

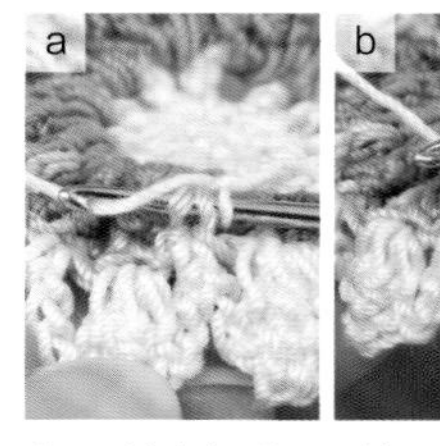

2 入针（a），钩了1针后的状态（b）。

◆ 长针的情况下

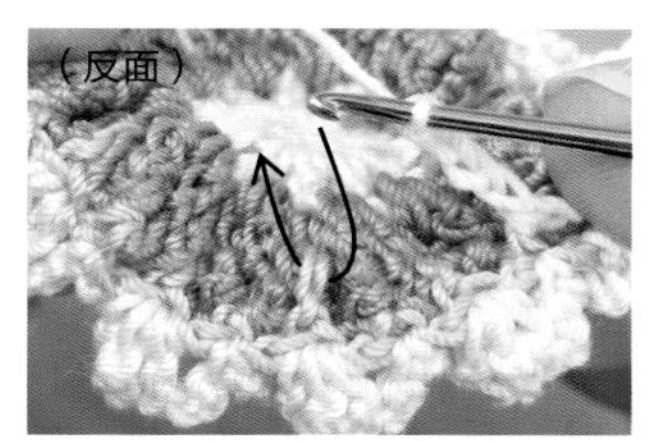

1 按照箭头方向，在反面挑起指定长针针脚的2根线钩织。

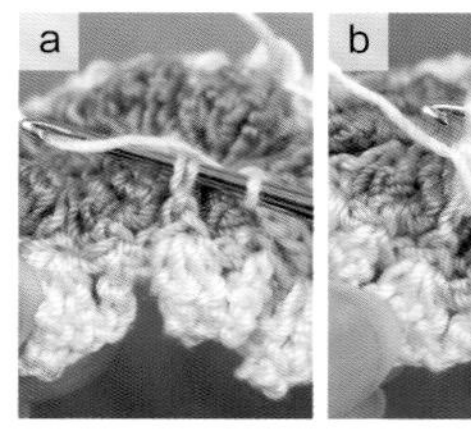

2 入针（a），钩了1针后的状态（b）。

3 图中为钩了1行后的状态。

方眼钩织的长针挑针方法

◆ 上一行是正面的情况下

1 方眼钩织长针时，按照箭头方向，需要挑起上一行长针顶部的2根锁针线和里山，共计3根线。b为钩好后的状态。这样挑针可以避免方眼歪斜。

◆ 上一行是反面的情况下

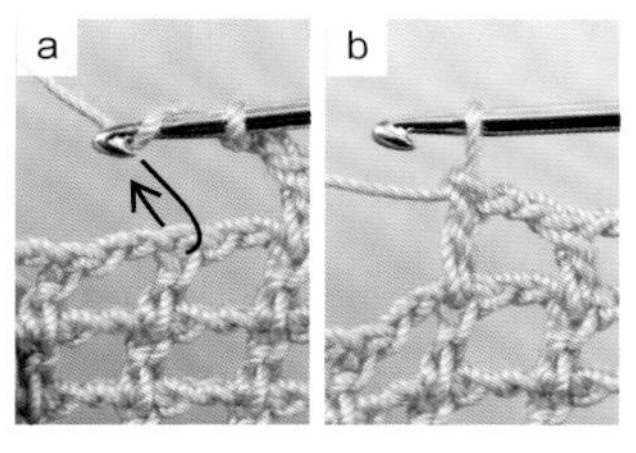

2 看着反面钩织时，也需要按照箭头方向挑起长针顶部的2根锁针线和里山，共计3根线。b为钩好后的状态。

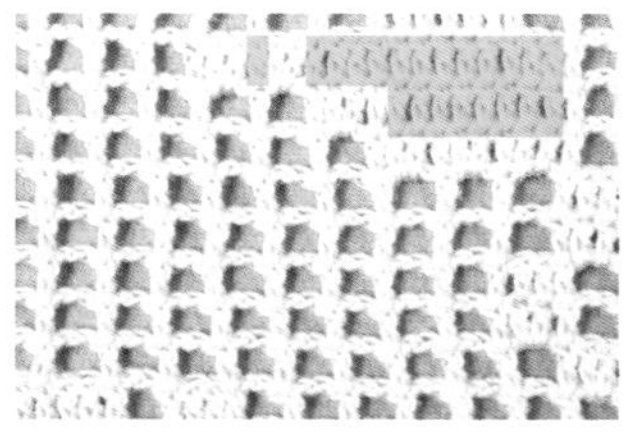

3 方眼钩织作品示例。用这样的挑针方法虽然可以避免方眼歪斜，也会使织片厚度有所增加。如需控制厚度，实心部分的长针，除两端的针脚以外，其余部分（ 部分）正常挑2根锁针线钩织即可（此时长针的高度可能会出现变化，需注意调整）。

方眼钩织的加针和减针方法

◆ 加针方法

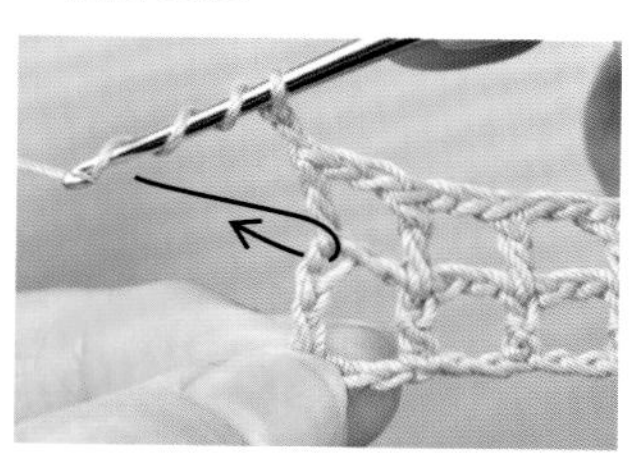

1 针上挂线3次，按照箭头方向在上一行的锁针起立针处入针。

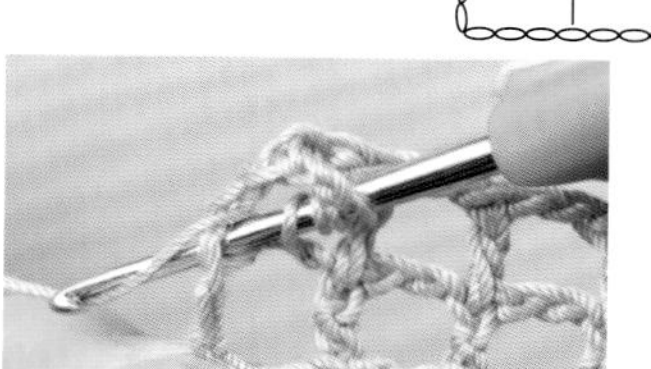

2 针上挂线钩出，钩3卷长针（参照p.77）。

3 3卷长针完成后，增加了1个格子。接着钩2针锁针，按照箭头方向挑起3卷长针针脚的2根线。

4 针上挂线，钩3卷长针。

5 3卷长针完成后，边缘增加了2个格子。

◆ 减针方法

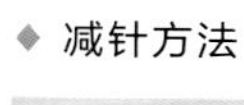

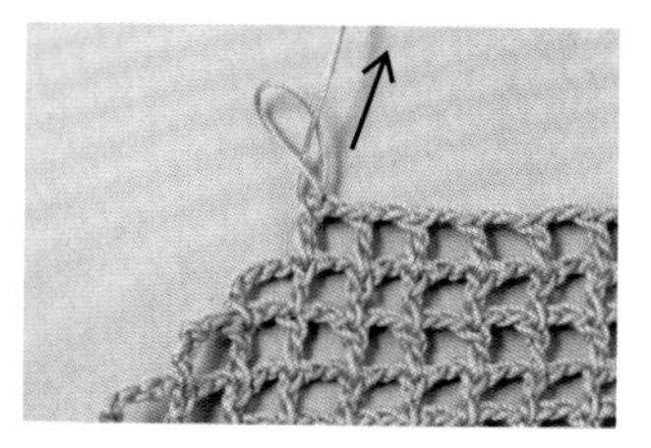

1 钩到减针前，暂时从线圈中取下钩针，用手拉大线圈，并将线团穿入扩大的线圈中。

2 拉动线头，收紧扩大的线圈。

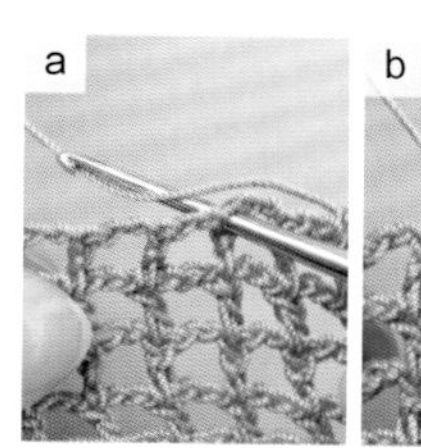

3 在指定位置入针钩引拔针（a）。b为引拔完成后的状态。在钩织边缘时将渡线包入钩织。

花片的连接方法

◆ 引拔连接的方法

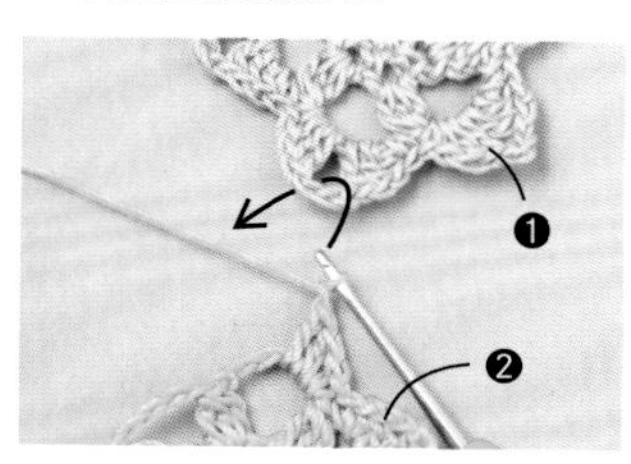

1 第2片花片钩织到连接的前一步时，在第1片的指定位置入针（按照要求挑针脚钩织或整束挑起钩织，此处为整束挑起）。

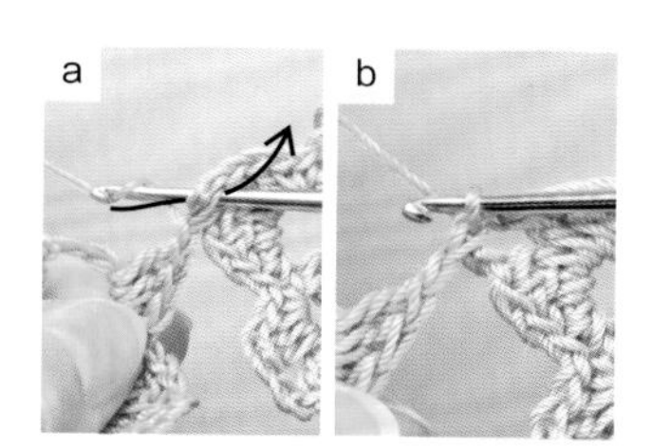

2 针上挂线钩出（a）。用引拔针把2片花片连接在一起。

◆ 在同一个位置引拔连接多片花片的方法

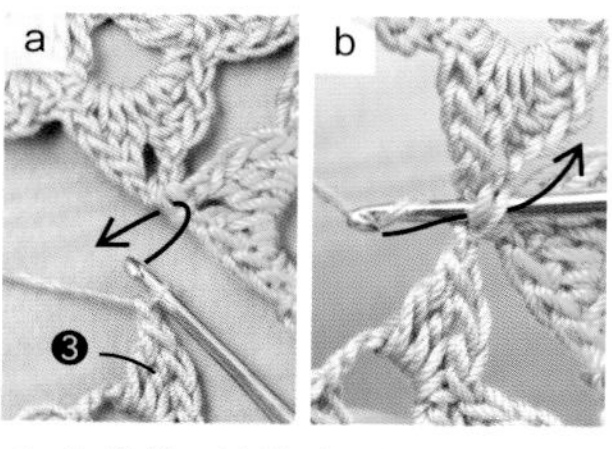

1 连接第3片花片。第3片花片钩织到连接的前一步时，按照箭头方向，钩针在第1片和第2片连接处的引拔针内入针（a）。针上挂线钩出（b）。

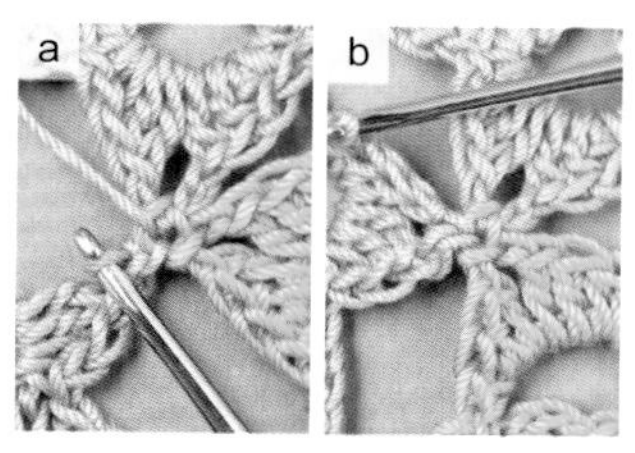

2 用引拔针把3片花片连接在一起（a）。b为继续钩织几针后的状态。

◆ 短针连接的方法（整束挑起）

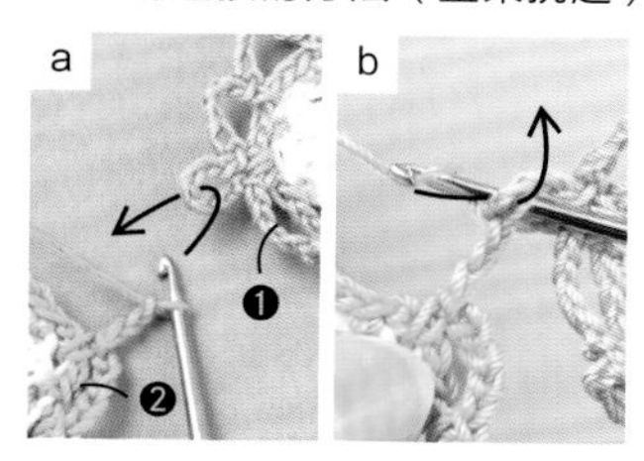

1 第2片花片钩织到连接的前一步时，在第1片的指定位置入针，整束挑起（a）。针上挂线，按照箭头方向将线钩出。

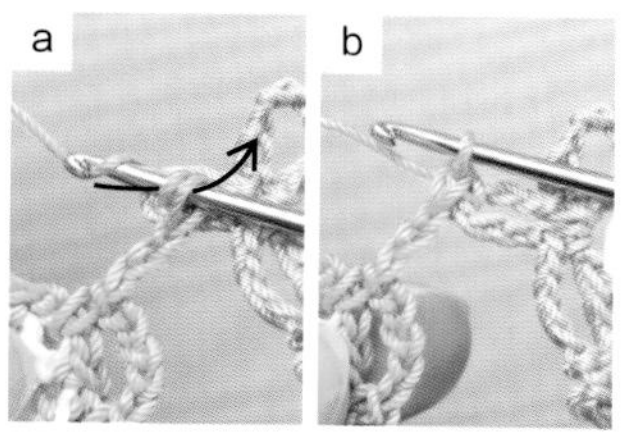

2 再次针上挂线钩出（a）。用短针把2片花片连接在一起（b）。

◆ 在同一个位置钩短针连接多片花片的方法

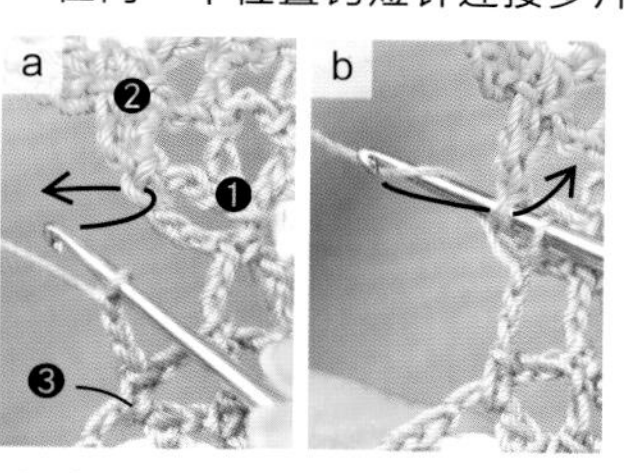

1 连接第3片花片。第3片花片钩织到连接的前一步时，按照箭头方向，钩针在第1片和第2片连接处针脚的2根线内入针（a）。针上挂线，按照箭头方向钩出（b）。

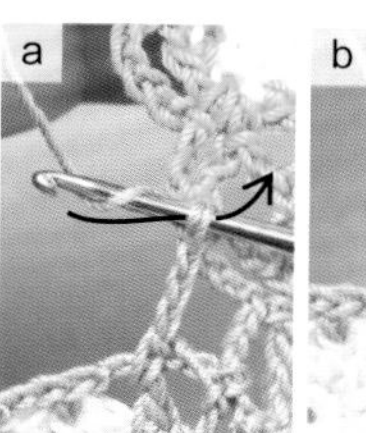

2 再次针上挂线，一次性钩出（a）。用短针把3片花片连接在一起（a）。

Basic Lesson

基础课程

◆ 短针连接的方法（重新入针）

1 第2片花片钩织到连接的前一步时，暂时取下钩针，在第1片花片连接点的顶端重新入针，再次挂上刚才移开的线圈。

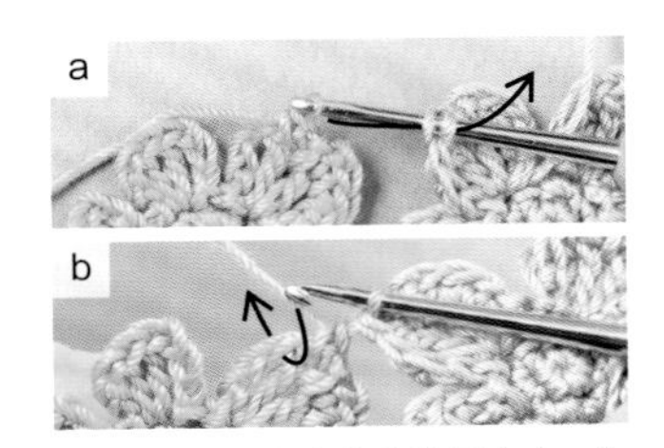

2 按照箭头方向钩出线圈（a）。钩针在第2片花片前一行的针脚处入针，挂线钩出。

3 再次针上挂线，一次性钩出。

4 用短针把2片花片连接在一起。

◆ 长针连接的方法

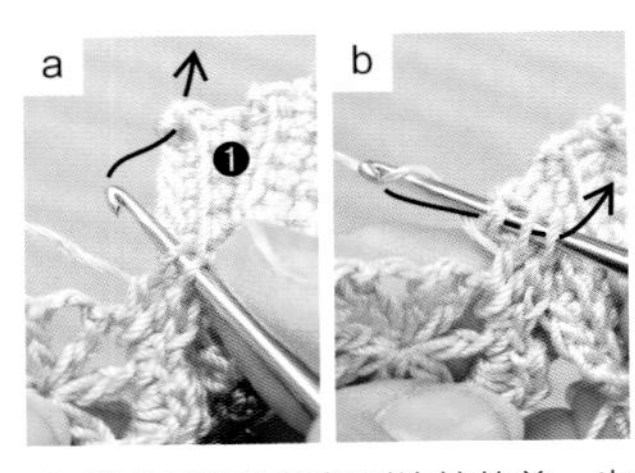

1 第2片花片钩织到连接的前一步时，钩1针未完成的长针（参照p.77），按照a的箭头方向在第1片指定位置入针，针上挂线，一次性钩出（b）。

2 用长针把2片花片连接在一起。

钩织完成后线头的处理方法

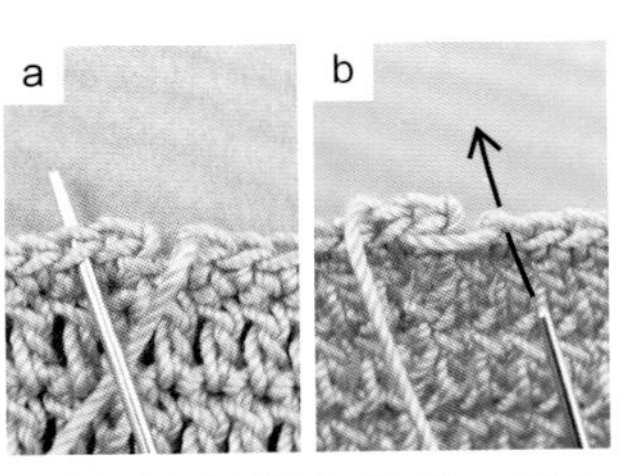

1 钩到最后1针时，留20cm线头，断线。将线头穿入缝针，在第2针处入针穿出（a），按照箭头所示，回到最后1针处入针穿出（b）。

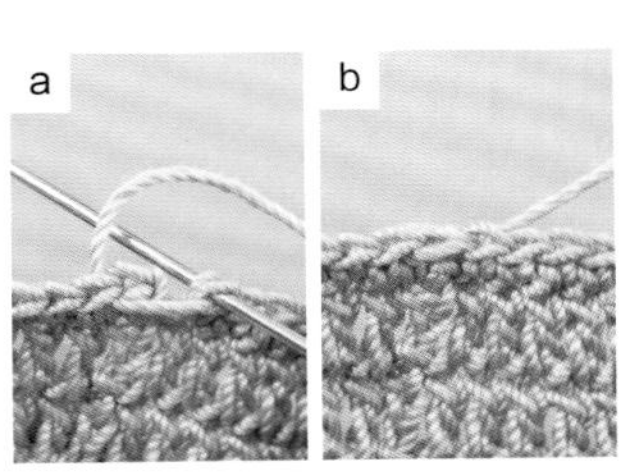

2 a为缝针在最后1针穿入时的状态。拉出线头，将线圈调整为与短针相同的大小（b）。按照这个方法，用缝针在最后一行的第1针上方做了1个线圈，将最后1针与第1针连接在了一起。

3 翻到反面，将缝针穿入最后一行针脚的里山处，藏好线头。

◆ 网眼钩织时

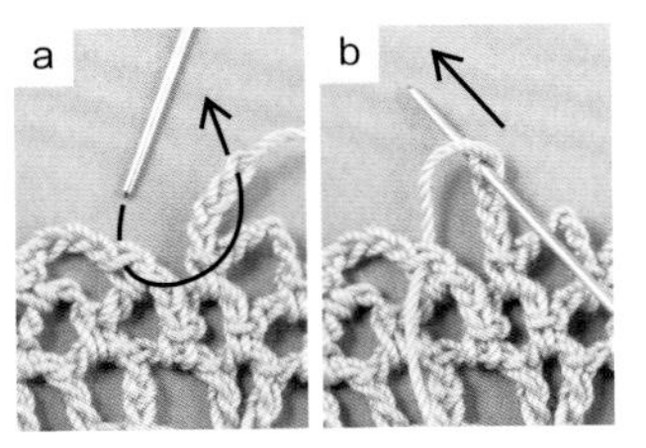

1 网眼钩织的情况下，最后1个针眼不钩（如5针网眼时，钩到第4针），留20cm左右的线头，断线。将线头穿入缝针，根据箭头所示，按照最后一行第1针到最后1个网眼的第4针的顺序入针。b为入针时的状态。

2 拉紧线头，最后1针锁针完成。

3 翻到反面，将缝针穿入最后一行针脚的里山处，藏好线头。

花片的整理方法

※此处用参考作品进行演示

1 在盆里倒入水，加入洗涤剂充分溶解。浸湿作品，洗去钩织过程中留下的污垢。用手轻轻搓洗，换水冲洗干净。

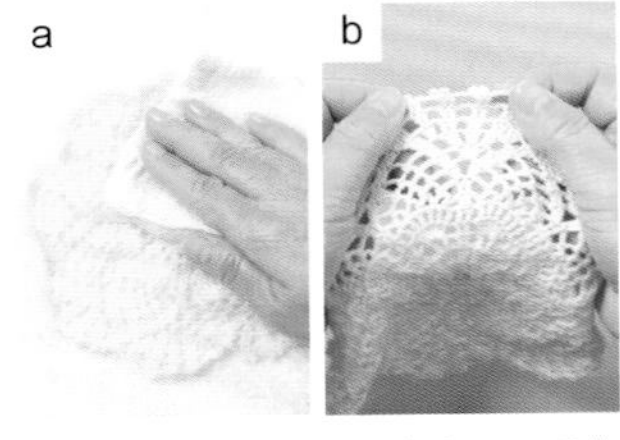

2 将作品放置在干毛巾上，用手按压毛巾吸水至半干（a）。此时针脚如有错位，可以用手抻开织片进行调整（b）。

3 将描图纸铺在画有作品参考尺寸的纸上。

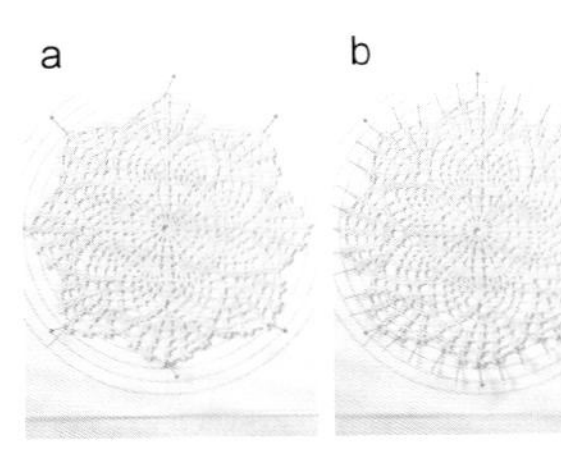

4 将作品放在步骤3之上，插入定位针（a），在a的定位针之间再插入定位针（b）。如果是比较大的作品，可以在中间、外侧、边缘等位置分段插入定位针。

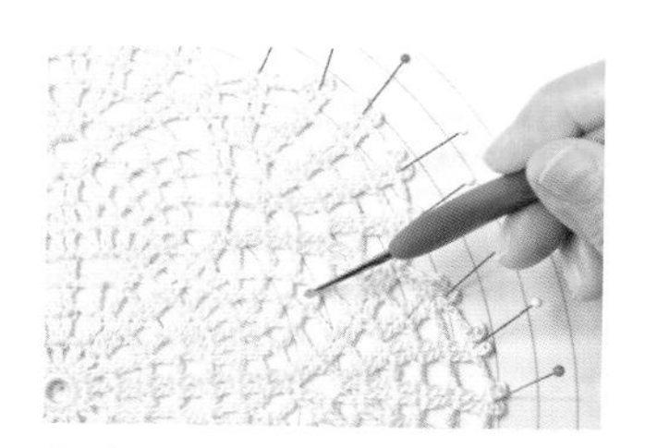

5 在此将作品做最终调整。仔细检查花样是否正确，可以用蕾丝钩针或缝针移动错位的针脚进行调整。

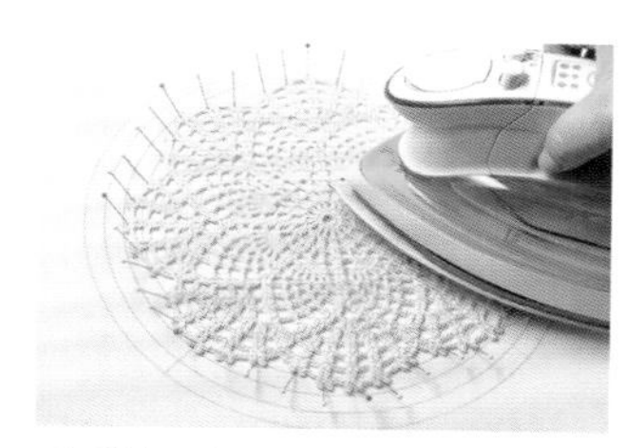

6 熨斗悬空，给织片整体喷上蒸汽。

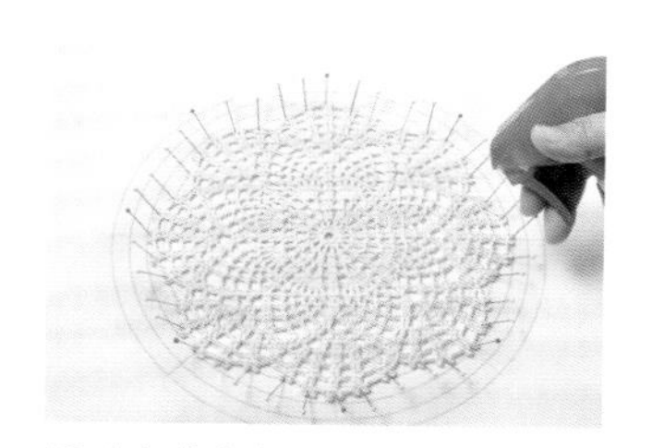

7 在织片完全干透前，均匀地喷上定型液。等织片完全干透后取下定位针，完成。

8 如需收纳花片，可将花片置于薄纸上方，用保鲜膜内芯之类的纸筒将它卷起来。这样可以很好地保存花片，不会变形。

Point Lesson
重点课程

4 图片 / p.8 制作方法 / p.42

◆ 花片的连接方法

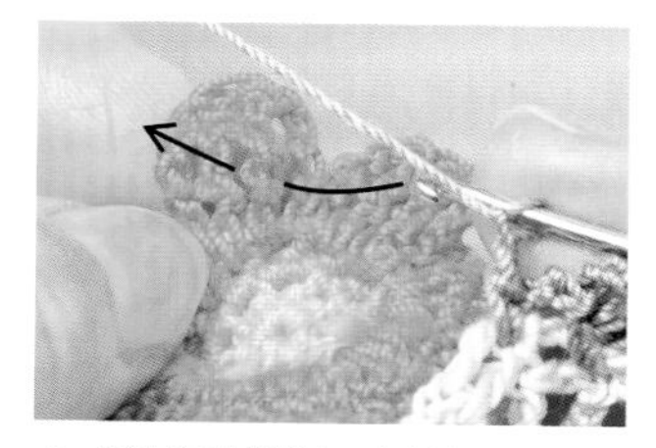

1 将边缘花样钩织到连接的前一步，钩针在反面整束挑起指定的3卷长针针脚。

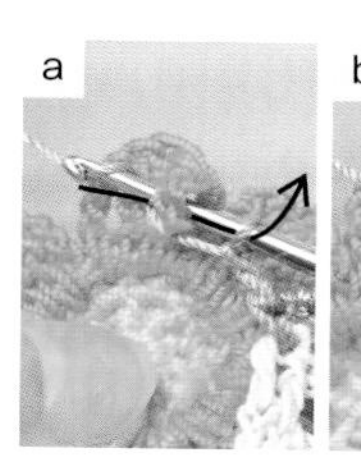

2 针上挂线钩出（a）。用引拔针将花片和边缘花样连接在一起（b）。

3 接着钩4针锁针，针上挂线，挑起第1针锁针的左边半针钩长针。

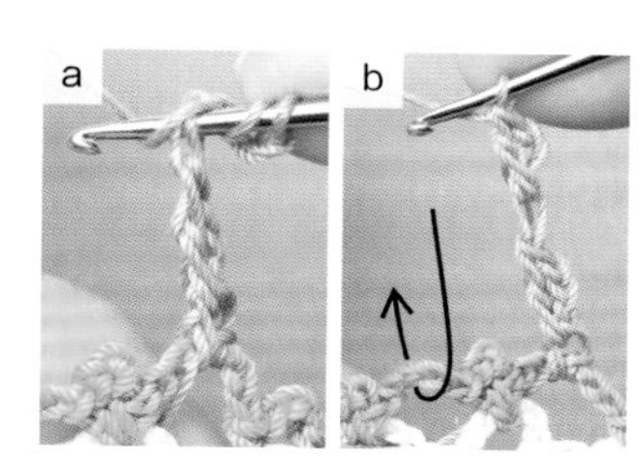

4 入针后的状态（a）。长针钩好后，1组花样完成。将前一行锁针整束挑起钩短针（b）。重复相同的步骤继续将第9行钩完。

8 图片 / p.12 制作方法 / p.43

◆ 主体第9、10行的钩织方法

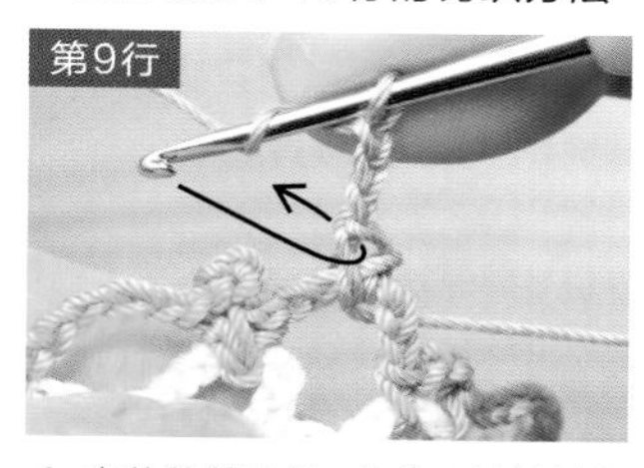

1 主体的第9行，先钩1针锁针的起立针+1针短针+3针锁针，针上挂线，按照箭头方向，钩针在短针针脚上的2根线之间入针。

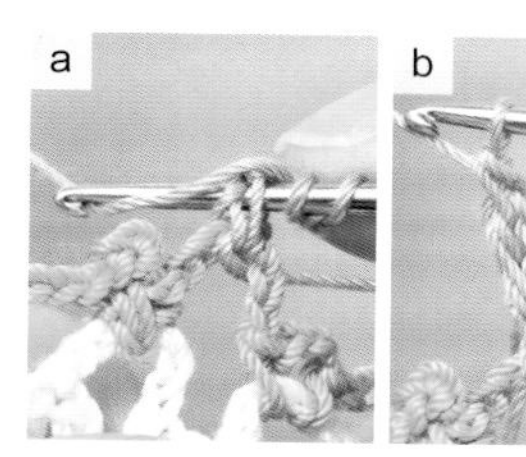

2 针上挂线钩长针（a）。钩了1针长针之后的状态（b）。

5 第10行，用与第9行相同的方法钩好1组花样后，挑起第9行锁针的外侧半针和里山钩引拔针。

6 引拔针完成后的状态。

7 接着钩3针锁针，在步骤5的同一位置挑针钩长针。图中为长针完成后的状态。重复相同的步骤继续将第10行钩完。

10、11 图片 / p.14 制作方法 / p.54

◆ 花芯第5行的钩织方法

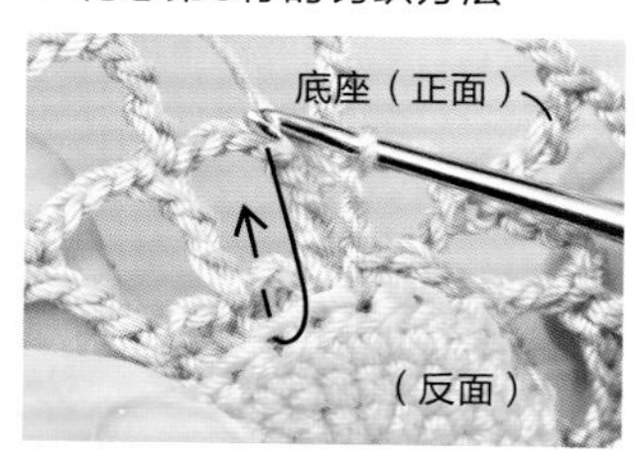

1 花芯第5行，将花芯的反面朝外，重叠在花底座（正面）之上，同时挑起花芯的第4行与花底座第2行的锁针钩短针。

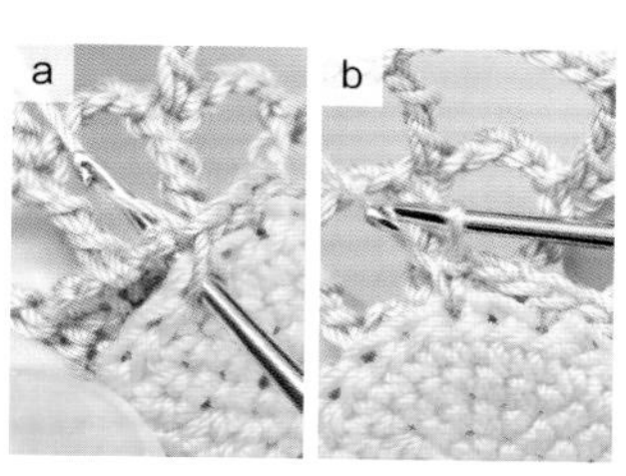

2 入针（a），将2个织片同时挑起钩短针（b）。重复相同的步骤继续将第5行钩完。

3 用短针将花芯和花底座连接在一起，第5行完成。

Point Lesson
重点课程

◆ 花瓣与花底座的连接方法

1 将花瓣钩织到连接的前一步，暂时取下钩针，在花底座第4行长长针顶部的反面入针，重新挂上线圈。

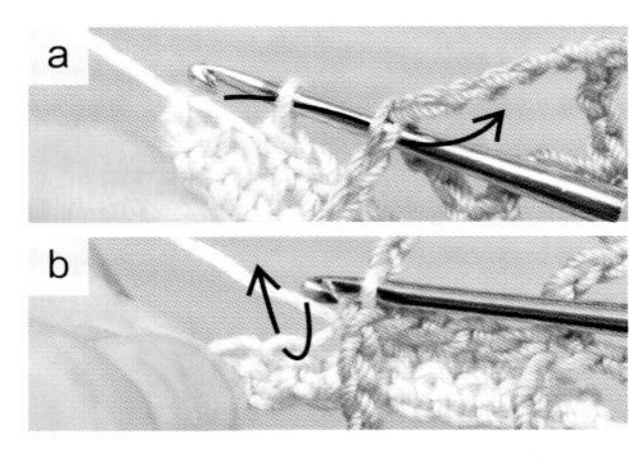

2 按照箭头方向钩出线圈（a）。挑起花瓣前一行靠近自己的内侧半针钩短针（b）。

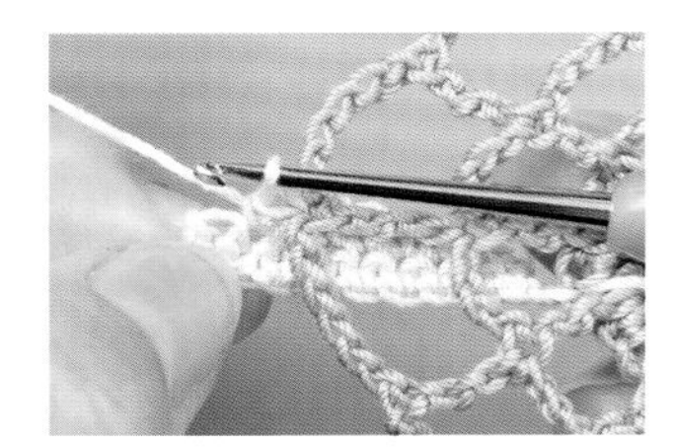

3 短针完成。重复相同的步骤，将所有花瓣都连接在花底座上。

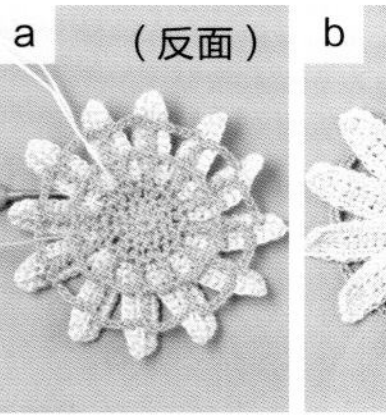

4 花瓣钩织完成，与花底座连接在一起（a）。b为织片正面的样子。

17 图片 / p.22 制作方法 / p.61

◆ 花瓣（第10行）的钩织方法

1 先钩27针锁针+1针锁针的起立针，再挑起锁针的里山钩27针短针。

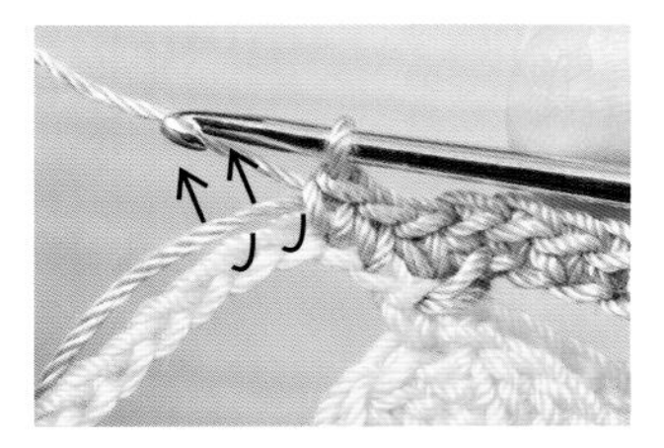

2 钩完27针短针后，挑起第9行锁针的外侧半针和里山，钩4针短针。

3 钩第2片花瓣。先钩27针锁针，接着钩针在第1片花瓣的第11针短针顶部入针。

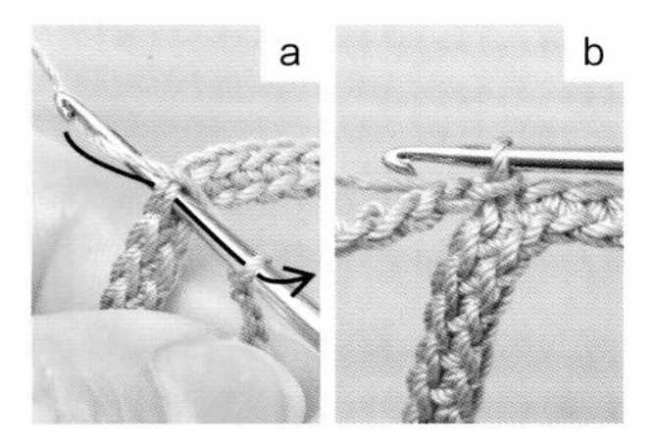

4 针上挂线钩出（a）。用引拔针将第1片花瓣和第2片花瓣连接在一起（b）。

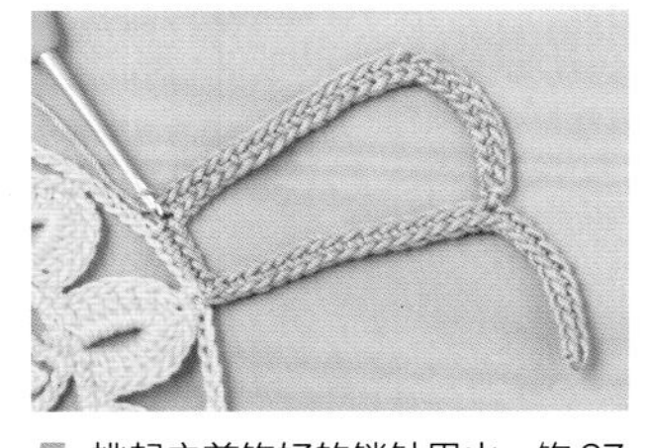

5 挑起之前钩好的锁针里山，钩27针短针。重复相同的步骤钩至最后1片花瓣前。

6 最后的花瓣，先钩锁针，钩好9针短针后，第10针钩未完成的短针（参照p.77），钩针在第1片花瓣的起立针与第1针短针之间入针。

7 针上挂线，按照箭头方向一次性钩出（a）。用引拔针将第1片花瓣和最后1片花瓣连接在一起（b）。继续钩至最后。

8 钩至最后的状态，第10行完成。

23 图片 / p.28 制作方法 / p.70

◆ 的钩织方法

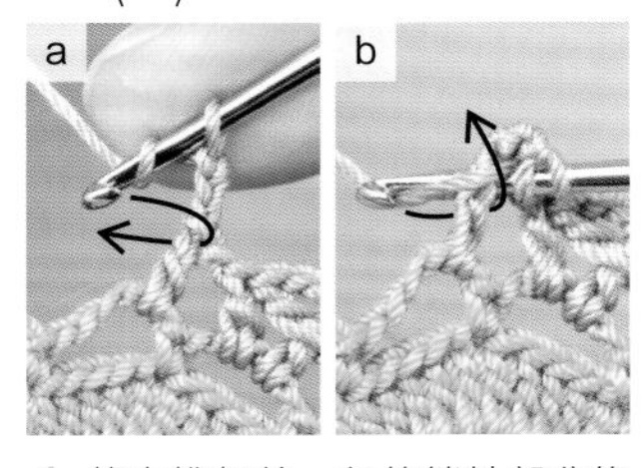

1 整束挑起前一行的锁针部分钩长针，接着钩3针锁针，再在长针顶部入针（a）。针上挂线钩长针（b）。

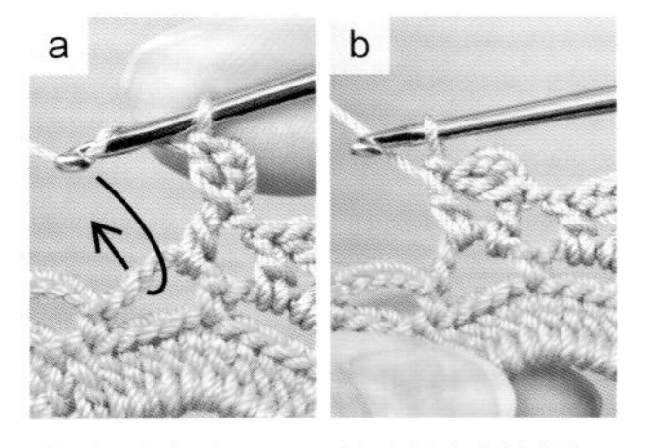

2 长针完成后，再整束挑起锁针钩1针长针（a）。1组花样完成（b）。

◆ 头和触角的钩织顺序

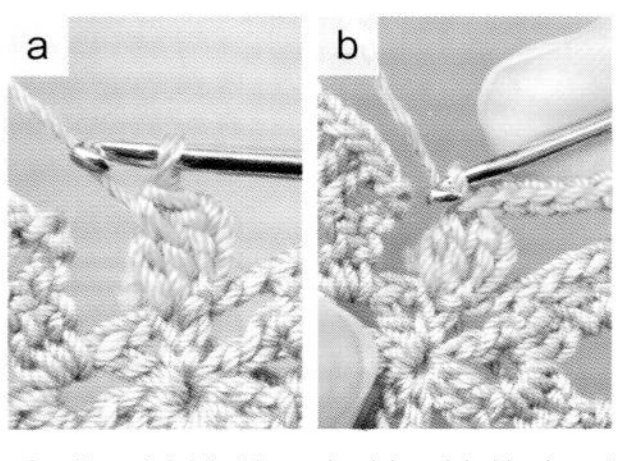

1 钩2针锁针和长针2针的枣形针（a）。接着钩右边的触角。先钩9锁针，在锁针处钩5针引拔针，在长针2针的枣形针顶部引拔（b）。

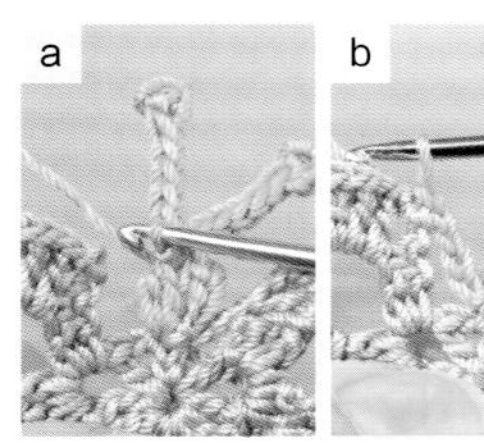

2 接着按照同样的方法钩左边的触角（a）。钩3针锁针，在身体的短针处钩引拔针。再钩3针锁针，在翅膀处引拔（b）。

Material Guide

本书用线与工具的介绍

线材

奥林巴斯株式会社 Olympus

1）Emmy Grande

埃及棉 100%，蕾丝钩针 0 号 ~ 钩针 2/0 号
50g/ 团，约 218 米，56 色
100g/ 团，约 436 米，8 色。

2）Emmy Grande<Herbs>

埃及棉 100%，20g/ 团，约 88 米，18 色，蕾丝钩针 0 号 ~ 钩针 2/0 号。

3）Emmy Grande<COLORS>

埃及棉 100%，10g/ 团，约 44 米，35 色，蕾丝钩针 0 号 ~ 钩针 2/0 号。

4）金票 40 号蕾丝线

埃及棉 100%，蕾丝钩针 6~8 号
10g/ 团，约 89 米，48 色
50g/ 团，约 445 米，49 色
100g/ 团，约 890 米，1 色。

横田株式会社 DARUMA

5）蕾丝线 30 号 葵

棉（Supima）100%，25g/ 团，145 米，21 色，蕾丝钩针 2~4 号。

DMC 株式会社 DMC

6）CÉBÉLIA 10 号

棉 100%，50g/ 团，约 270 米，39 色，蕾丝钩针 2~0 号。

7）CÉBÉLIA 20 号

棉 100%，50g/ 团，约 410 米，39 色，蕾丝钩针 4~2 号。

8）CÉBÉLIA 30 号

棉 100%，50g/ 团，约 540 米，39 色，蕾丝钩针 6~4 号。

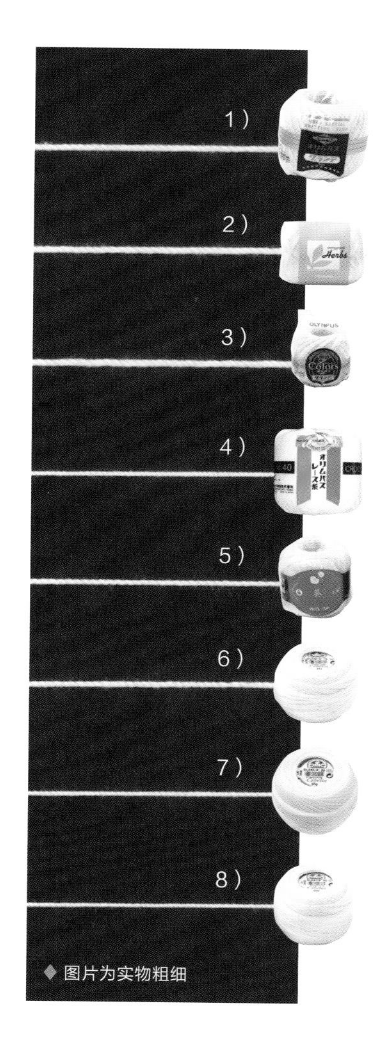

◆ 图片为实物粗细

*（1、4 除外）从左上开始分别为：线名→材质→规格→线长→色号数目→适用针号。
部分线材根据色号不同材质有所差异。
*色号数目的数据截止至 2022 年 6 月。
*由于印刷原因，可能存在色差。
*为方便读者查找，本书中所有线材型号保留英文。

工具

蕾丝钩针

蕾丝钩针的粗细用数字表示，数字越大，钩针越细。钩织较粗的蕾丝线时使用普通钩针即可。

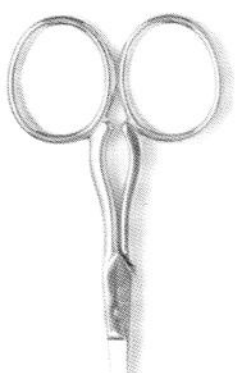

缝合针

钩织结束时处理线头使用。推荐使用针尖为圆形的十字绣针。

剪刀

选择手工专用剪刀，便于细节部位的裁剪。

定型所需物品

◆ 使用方法参照p.36

定位针、定型液、毛巾、水盆、画有参考尺寸的纸、描图纸、蒸汽熨斗、熨烫台

1、14 爱尔兰花

图片 ／ p.5, 19

【线材】Olympus

1　Emmy Grande<Herbs>/ 粉色（119）…17g，生成色（732）…8g，黄绿色（273）、黄色（560）…各 7g，茶色（745）…2g

14　Emmy Grande/ 米白色（804）…38g

【针】蕾丝针 2 号

【密度】长针 /1 行 =0.8cm

【尺寸】直径 26cm（圆形）

【钩织方法】

1　钩织主体。环形起针，第 1 行钩 7 针短针。第 2～15 行按照图解钩织，1 组花样重复 7 次。

2　钩织小花片。在主体周围按照❶～㉘（玫瑰花→蒲公英→叶子）的顺序一边钩织一边连接。

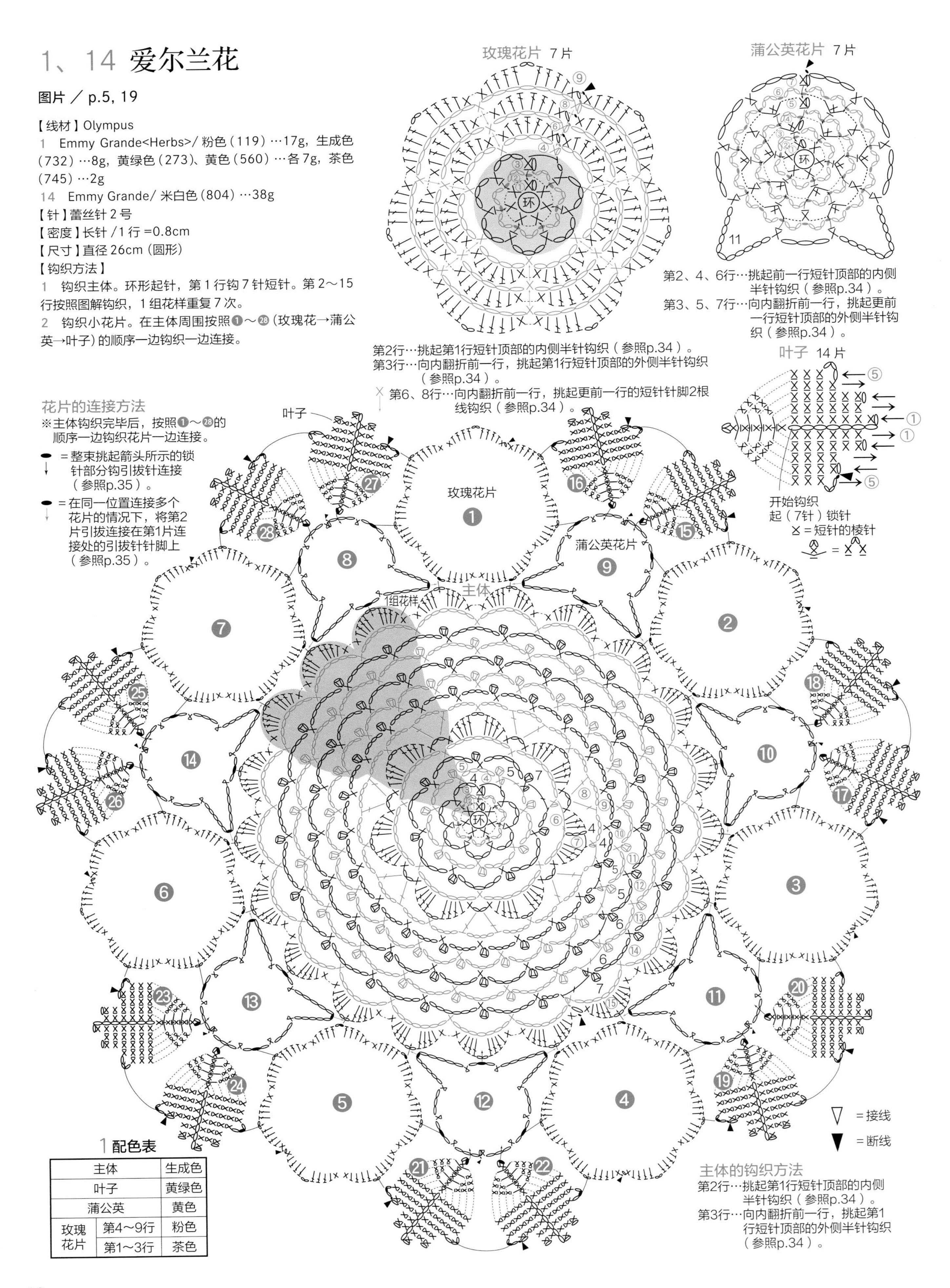

1 配色表

主体		生成色
叶子		黄绿色
蒲公英		黄色
玫瑰花片	第4～9行	粉色
	第1～3行	茶色

2 牡丹

图片 ／ p.6

【线材】DMC
CÉBÉLIA 10 号／浅粉色（818）…14g，粉色（3326）…10g，米白色（3865）…5g，橄榄绿（3364）…3g
【针】蕾丝针 2 号
【密度】长针 / 1 行 =0.7cm
【尺寸】直径 22cm（圆形）
【钩织方法】

1　钩织 12 片小花片。环形起针，第 1 行钩 12 针短针，第 2~4 行按照图解和配色表一边换线一边钩织。

2　钩织主体。环形起针，第 1 行钩 12 针短针，第 2~10 行按照图解和配色线一边换线一边钩织。第 10 行一边连接之前钩好的小花片一边钩织。

3　围绕小花片最外圈钩 3 行边缘花样。向内翻折小花片的第 4 行，在第 3 行的指定位置入针，钩边缘的第 1 行。继续钩完剩下的 2 行。

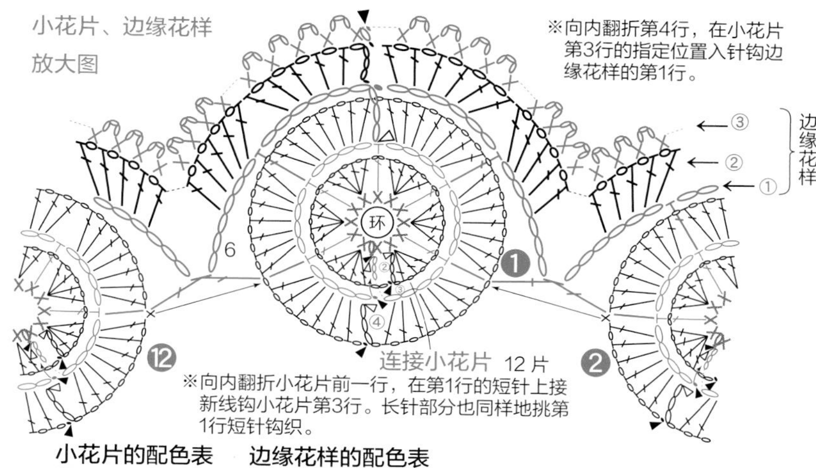

小花片的配色表

行数	颜色
第4行	浅粉色
第2、3行	粉色
第1行	橄榄绿

边缘花样的配色表

行数	颜色
第3行	粉色
第1、2行	浅粉色

小花片和主体的连接方法

※先钩12片小花片。接着钩织主体，钩第10行时，一边钩织一边将小花片连接到指定位置。

× = 整束挑起箭头所示的锁针部分钩短针（参照p.35）。

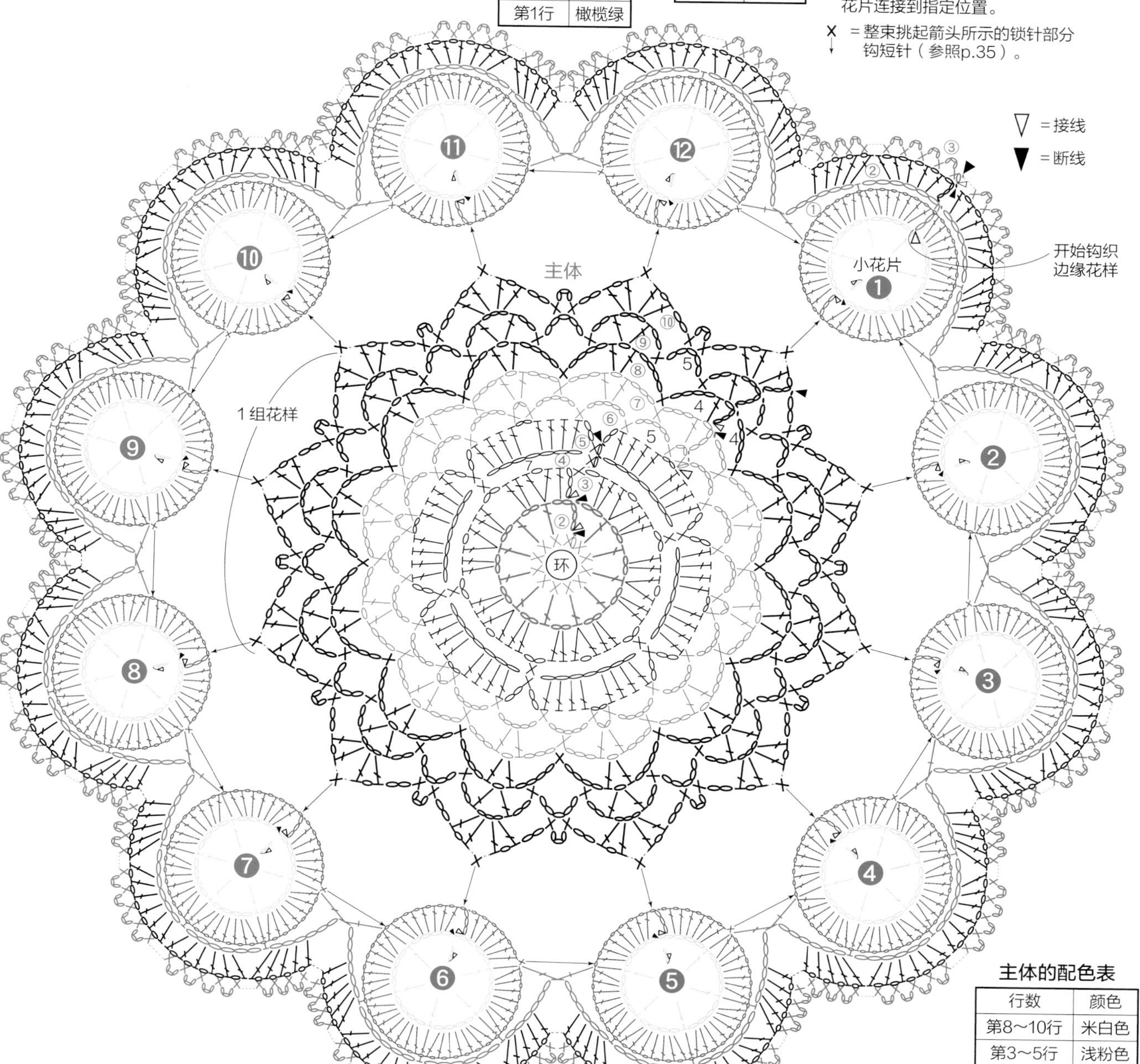

主体的配色表

行数	颜色
第8~10行	米白色
第3~5行	浅粉色
第2行	橄榄绿
第1、6、7行	粉色

4 金盏菊

图片 ／ p.8　重点课程 ／ p.37

【线材】DMC
CÉBÉLIA 10 号 / 米色（712）…10g，浅橙色（741）…6g，橙色（946）、橄榄绿（3364）…各 4g，金黄色（743）…2g
【针】蕾丝针 2 号
【密度】长针 / 1 行 =0.8cm
【尺寸】直径 25cm（圆形）
【钩织方法】
1　钩织小花片。环形起针，第 1 行钩 8 针短针。第 2～5 行按照图解和配色表一边换线一边钩织。
2　钩织主体。起针钩 8 针锁针，在第 1 针上引拔做环。第 1 行钩 16 针短针。参照图解钩织第 2～8 行，1 组花样重复 8 次。第 9～16 行分次往返钩织每组花样。❶在第 8 行的基础上钩织，❷～❽需在指定位置接新线钩织。围绕主体钩织 1 行边缘花样，一边钩织一边将之前钩好的小花片连接到主体上（参照 p.37）。

小花片的配色表

行数	颜色
第5行	橙色
第3、4行	浅橙色
第1、2行	金黄色

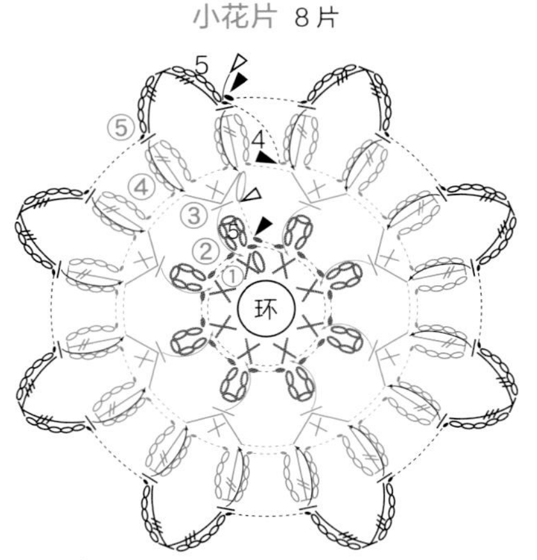

主体（边缘花样）与小花片的连接方法

= 整束挑起小花片（第5行）的3卷长针针脚钩引拔针连接（参照p.35）。

= 整束挑起小花片（第5行）指定针与针之间的位置钩引拔针连接（参照p.35）。

小花片的钩织方法

第2行…挑第1行短针顶部的前半针钩织（参照p.34）。
第3行…向内翻折前一行，挑起第1行短针顶部的外侧半针钩织（参照p.34）。
第4行…挑第3行短针顶部的前半针钩织（参照p.34）。
第5行…向内翻折前一行，挑起第3行短针顶部的外侧半针钩织（参照p.34）。

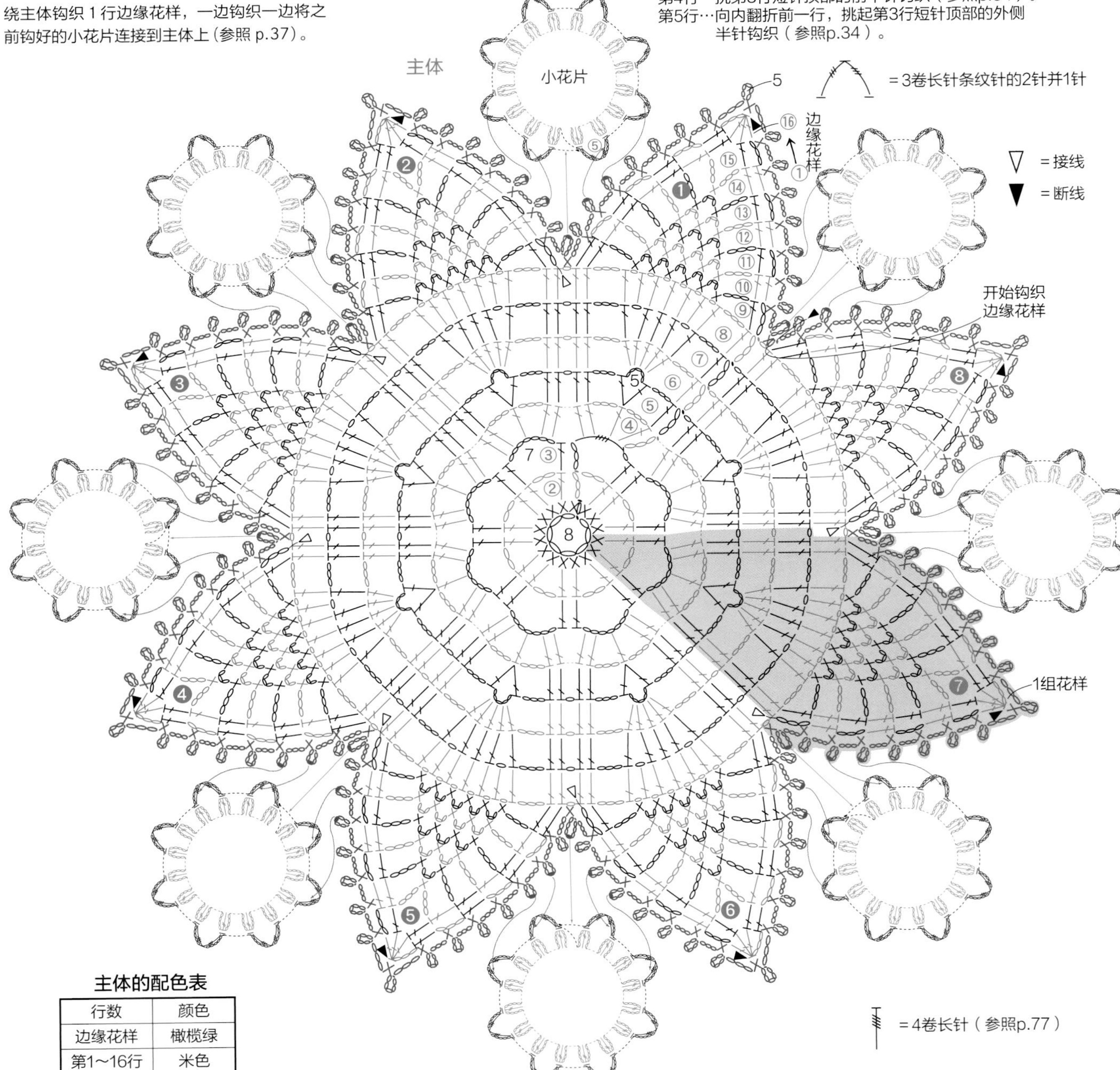

主体的配色表

行数	颜色
边缘花样	橄榄绿
第1～16行	米色

8 勿忘我

图片 ／ p.12　**重点课程** ／ p.37

【线材】DMC
CÉBÉLIA 10 号 / 米色（712）…14g，蓝色（799）…9g，黄绿色（989）…4g
【针】蕾丝针 2 号
【密度】长针 / 1 行 =0.8cm
【尺寸】直径 29cm（圆形）

【钩织方法】
1　钩织连续小花片。环形起针，第 1 行钩 5 针短针，共钩织 48 片。第 2 行开始参照连续小花片的钩织方法，钩织 48 片小花片。围绕织片钩 1 圈边缘花样。
2　钩织主体。起针钩 6 针锁针，在第 1 针上引拔做环。第 1 行钩 8 针短针。参照图解钩织第 2～12 行，1 组花样重复 8 次（参照 p.37）。钩织第 12 行时，一边钩织一边将之前钩好的连续小花片连接到指定位置。

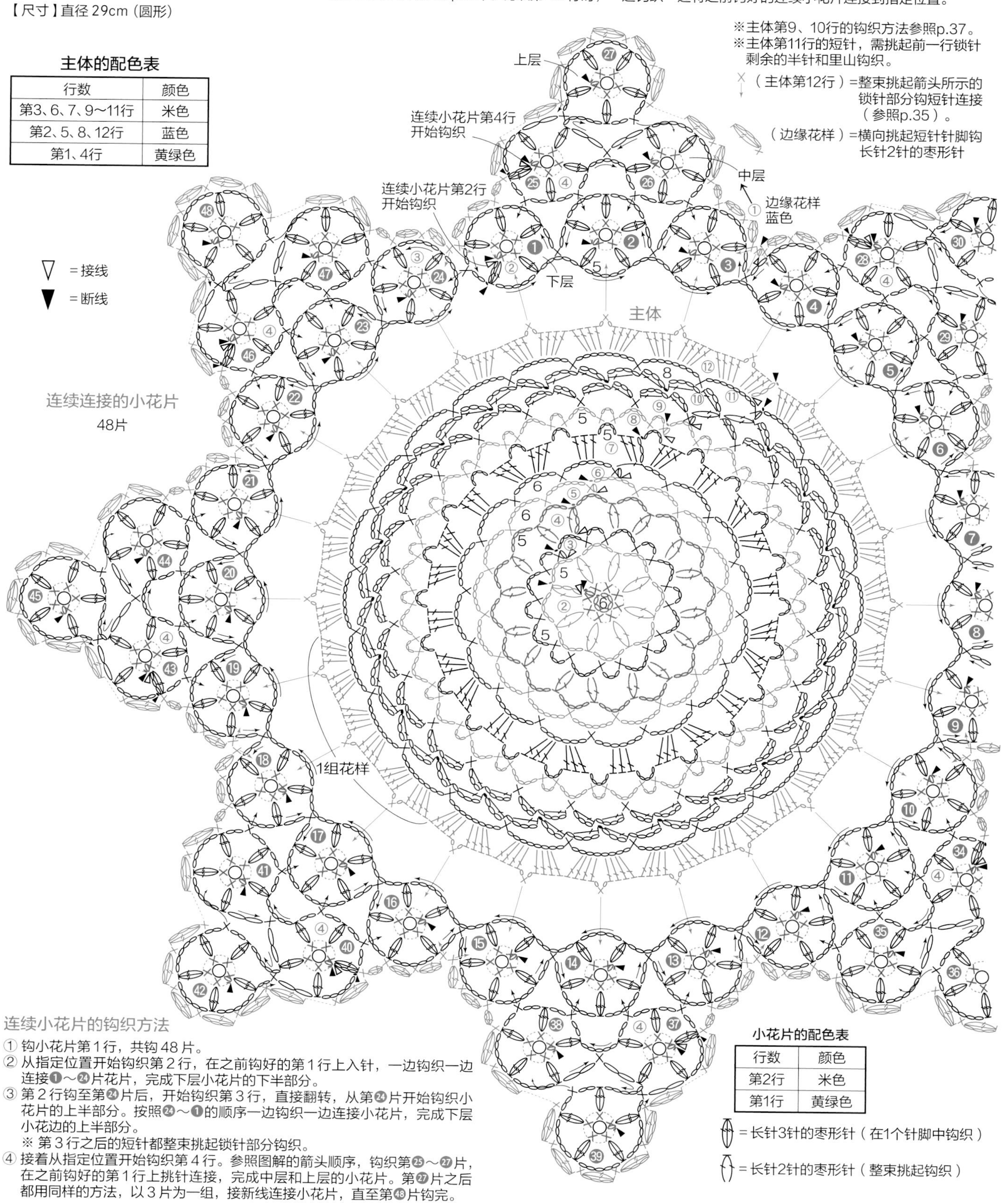

主体的配色表

行数	颜色
第3、6、7、9～11行	米色
第2、5、8、12行	蓝色
第1、4行	黄绿色

小花片的配色表

行数	颜色
第2行	米色
第1行	黄绿色

连续小花片的钩织方法

① 钩小花片第 1 行，共钩 48 片。
② 从指定位置开始钩织第 2 行，在之前钩好的第 1 行上入针，一边钩织一边连接❶～㉔片花片，完成下层小花片的下半部分。
③ 第 2 行钩至第㉔片后，开始钩织第 3 行，直接翻转，从第㉔片开始钩织小花片的上半部分。按照㉔～❶的顺序一边钩织一边连接小花片，完成下层小花边的上半部分。
※ 第 3 行之后的短针都整束挑起锁针部分钩织。
④ 接着从指定位置开始钩织第 4 行。参照图解的箭头顺序，钩织第㉕～㉗片，在之前钩好的第 1 行上挑针连接，完成中层和上层的小花片。第㉗片之后都用同样的方法，以 3 片为一组，接新线连接小花片，直至第㊽片钩完。

3 银莲花

图片 ／ p.7

【线材】Olympus
金票 40 号蕾丝线 / 生成色（852）…13g，樱桃红（121）…7g，胭脂红（192）…4g，紫色（654）…2g
【针】蕾丝针 6 号
【密度】长针 / 1 行 =0.5cm
【尺寸】27cm × 24cm（椭圆形）
【钩织方法】
1　按照❶～❼的顺序一边钩织一边连接花片。环形起针钩织第 1 片，参照图解和配色表一边换线一边钩至第 8 行。从第 2 片起，剩余的 6 片在钩第 8 行时都需要与相邻的花片连接。
2　钩织边缘花样。围绕着已经连接好的花片周围钩织 7 行边缘花样。

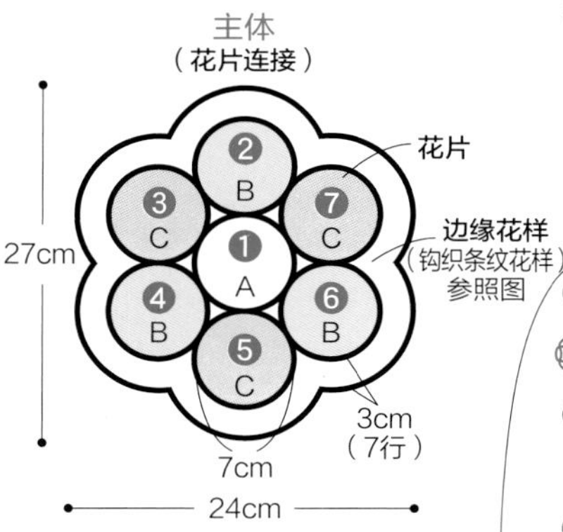

花片的钩织和连接方法

第2行…在第1行的长针之间入针钩短针。

※按照❶～❼的顺序在钩织第8行的时候连接。

X = 整束挑起箭头所示的锁针部分钩短针连接（参照p.35）。

X = 在同一位置连接多片花片的情况下，第2片的短针需在第1片连接处短针针脚的2根线上入针钩织（参照p.35）。

边缘花样的配色表

行数	颜色
第3行	胭脂红
第2、7行	樱桃红
第1、4～6行	生成色

★ = 请结合p.44，45的★线看整体图解
（为了便于理解，★线内图解为重复部分）。

花片的配色表

行数	A	B	C
第8行	生成色		
第5～7行	生成色	胭脂红	樱桃红
4行	樱桃红	生成色	生成色
第2行			胭脂红
第1、3行	紫色		

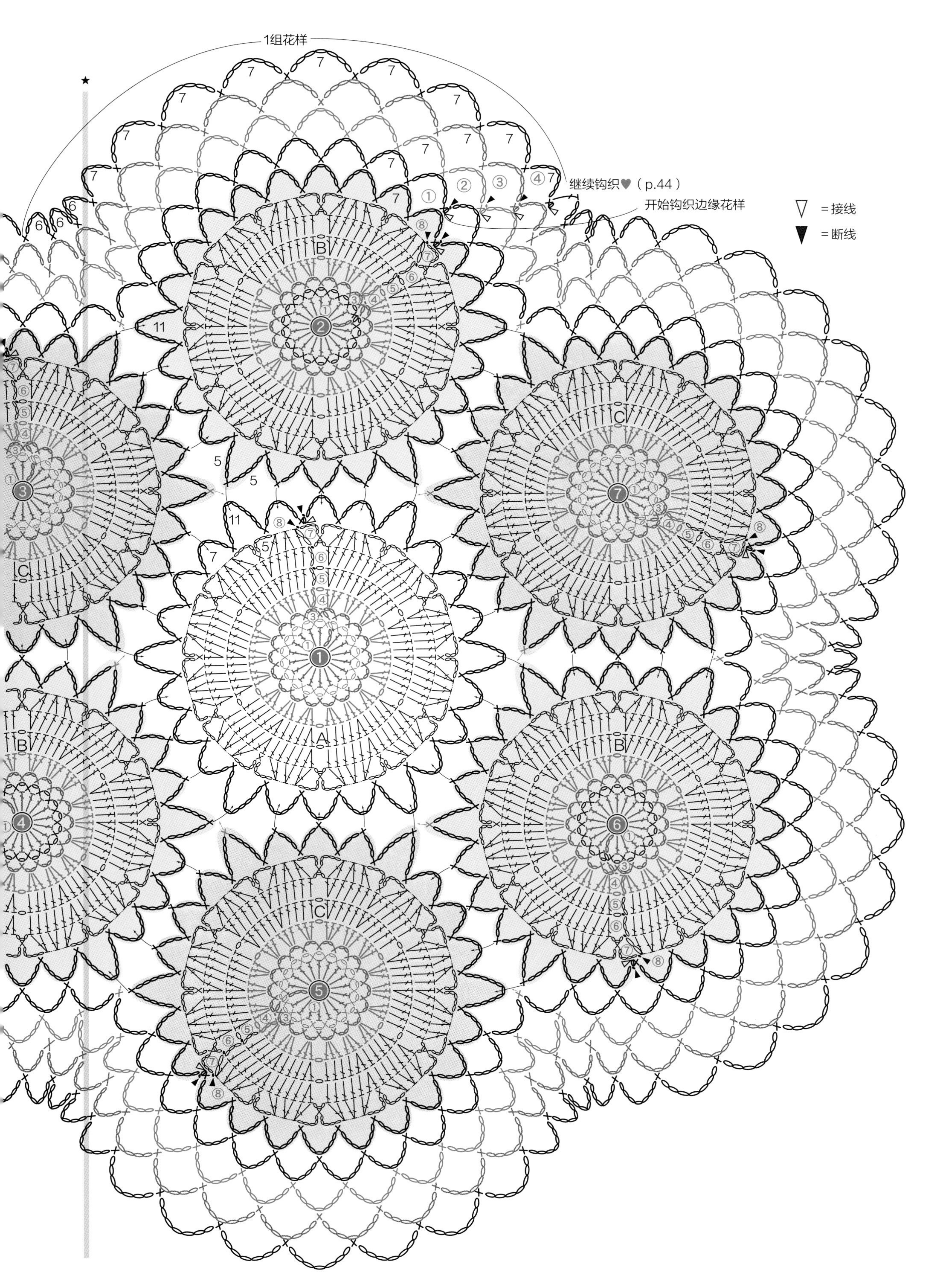

1组花样
继续钩织♥（p.44）
开始钩织边缘花样
▽ = 接线
▼ = 断线

5 绣球花

图片 ／ p.9

【线材】DMC
CÉBÉLIA 10号／橄榄绿（3364）…17g，
米白色（3865）…9g，浅紫色（211）…
6g、蓝色（799）、浅蓝色（800）…各4g
【针】蕾丝针2号
【密度】长针／1行=0.8cm
【尺寸】21cm×31cm（椭圆形）

【钩织方法】
1 钩织主体。先起33针锁针，接着在锁针上入针，围绕锁针钩第1行。第2～19行参照图解钩织。
2 钩织小花片。第1片环形起针，参照图解一边换色一边钩至第3行。第2片开始，在钩织最后一行时，一边钩织一边与相邻的小花片连接，共钩织20片。配色A、B交替钩织。
3 将连接好的小花片缝合在主体指定位置。

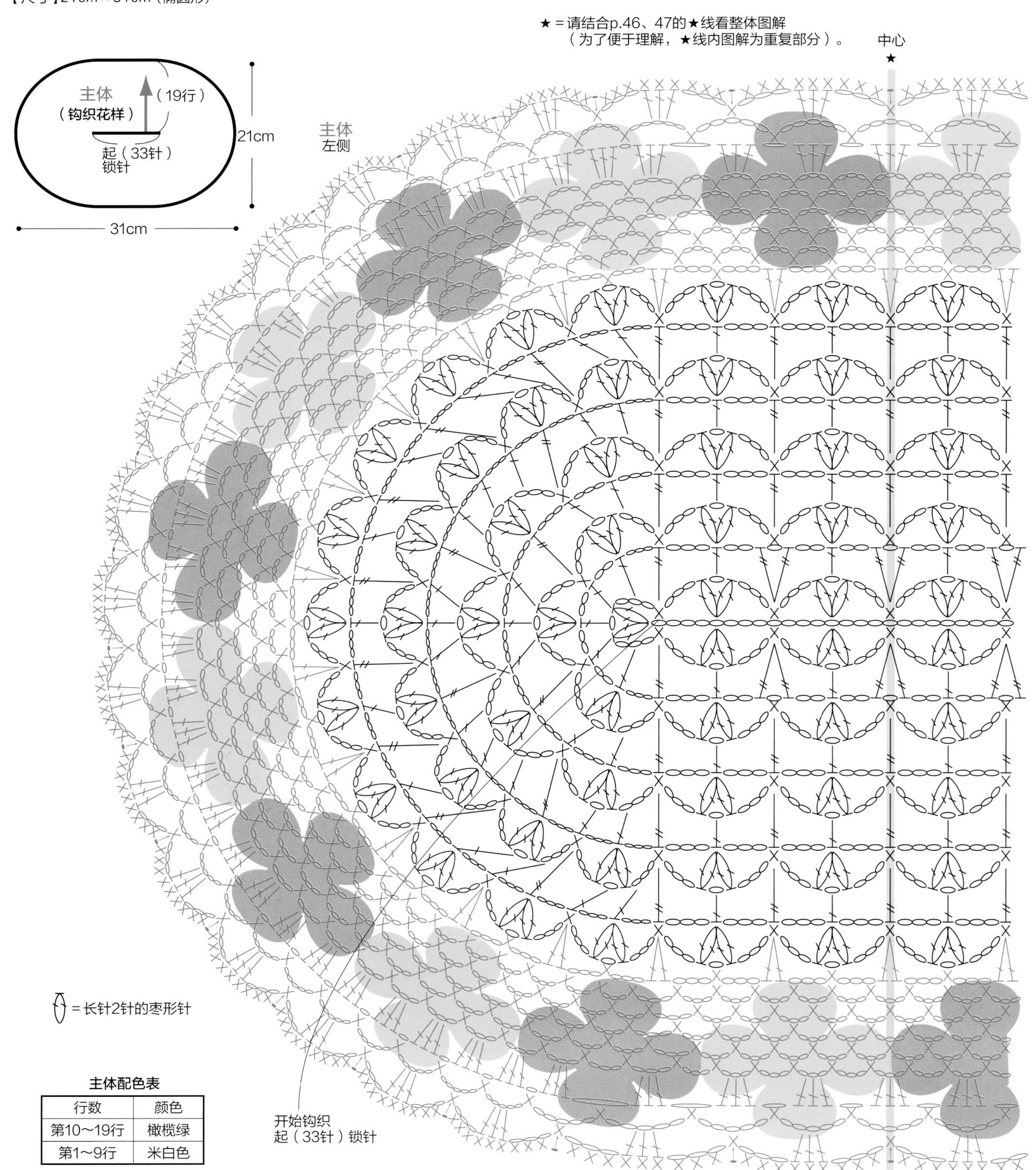

主体配色表

行数	颜色
第10～19行	橄榄绿
第1～9行	米白色

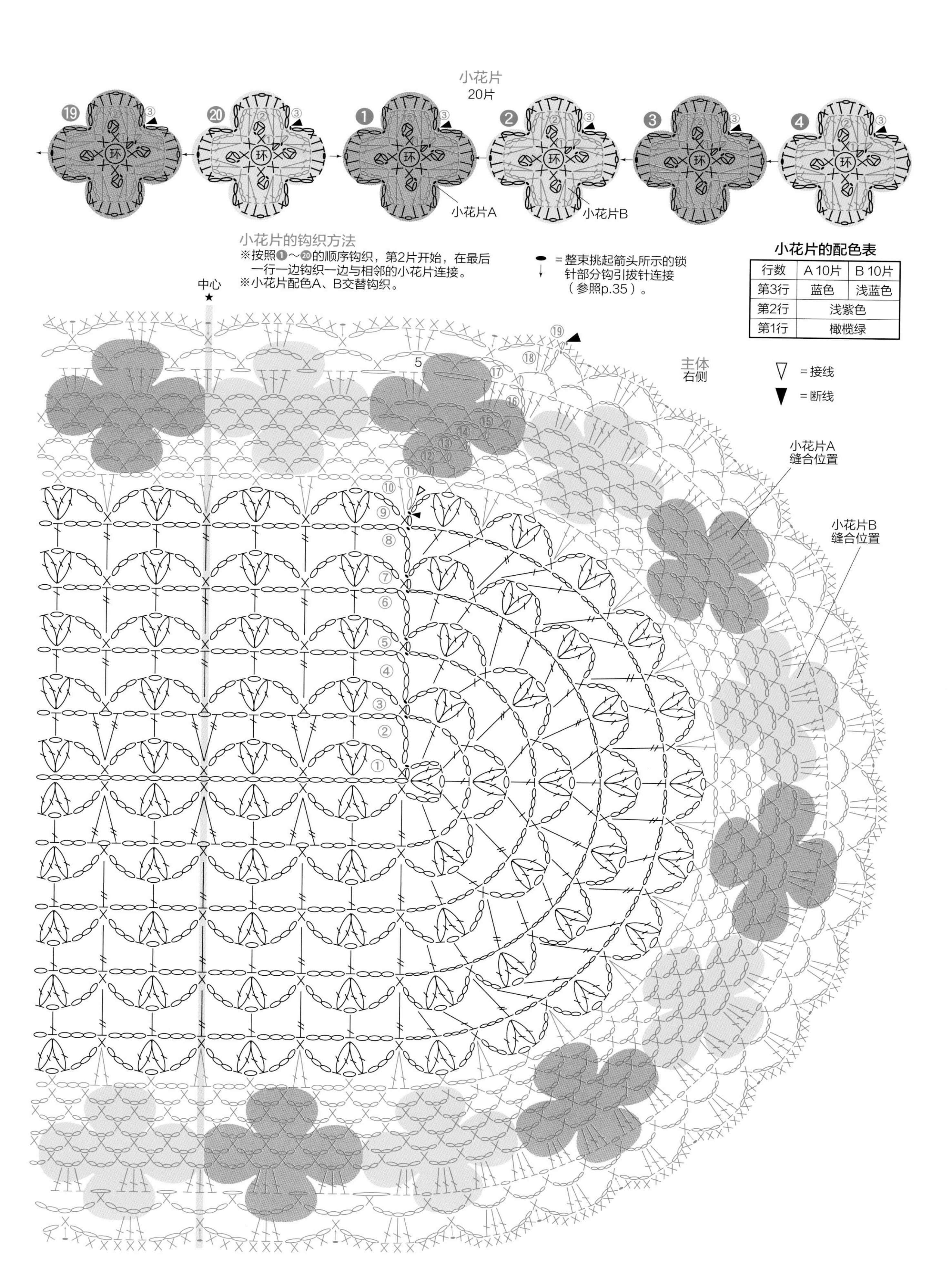

小花片的配色表

行数	A 10片	B 10片
第3行	蓝色	浅蓝色
第2行	浅紫色	
第1行	橄榄绿	

6、7 爱尔兰玫瑰

图片 ／ p.10

【线材】DMC

6　CÉBÉLIA 30 号／酒红色（816）、米白色（3865）…各 12g，橄榄绿（3364）…5g

7　CÉBÉLIA 30 号／金黄色（743）、米白色（3865）…各 12g，深绿色（699）…5g

【针】蕾丝针 8 号

【密度】长针／1 行 =0.4cm

【尺寸】直径 25.5cm（圆形）

【钩织方法】

参照“钩织顺序”钩织。

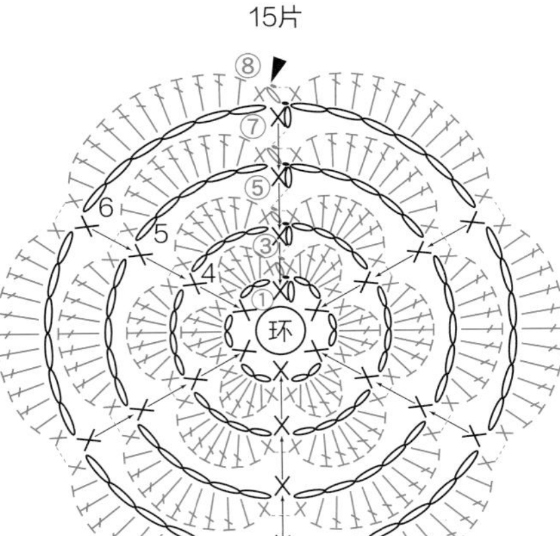
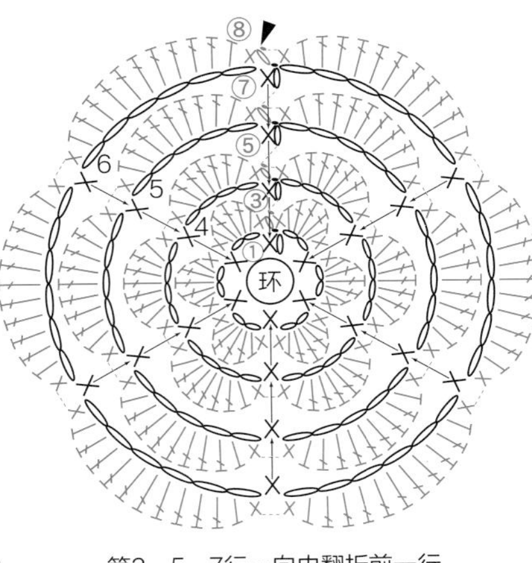

第3、5、7行…向内翻折前一行，挑起更前一行的短针顶部钩织

叶子
15片

开始钩织起（13针）锁针

ⵣ＝短针的棱针

＝ⵣⵣⵣⵣⵣ

钩织顺序

※ 花片之间的连接参照 p.49“花片的连接方法”

① 按照❶～❻的顺序钩织主体内圈的花片（小花片 3 片＋叶子 3 片），第❹片开始，参照图解在钩织小花片最后一行的时候，一边钩织一边与相邻的叶子连接。

② 按照❶～㉔的顺序钩织主体外圈的花片（小花片 12 片＋叶子 12 片），第⓭片开始，参照图解在钩织小花片最后一行的时候，一边钩织一边与相邻的叶子连接。完成后在第⓭片的指定位置接线，在已经连接好的花片内侧钩织 2 行，一边钩织第 1 行一边与花片连接。

③ 钩织主体内圈。在步骤①的第❹片小花片的指定位置接线，一边钩织第 1 行一边连接花片，继续钩至第 14 行。钩第 15 行时，与步骤②花片内侧的第 2 行连接在一起。

④ 钩织主体外圈的第 3～9 行。在步骤②的第㉔片小花片的指定位置接线，一边钩织第 3 行一边连接花片，继续钩至第 9 行。

配色表

部位	6	7
小花片	酒红色	金黄色
叶子	橄榄绿	深绿色
主体	米白色	

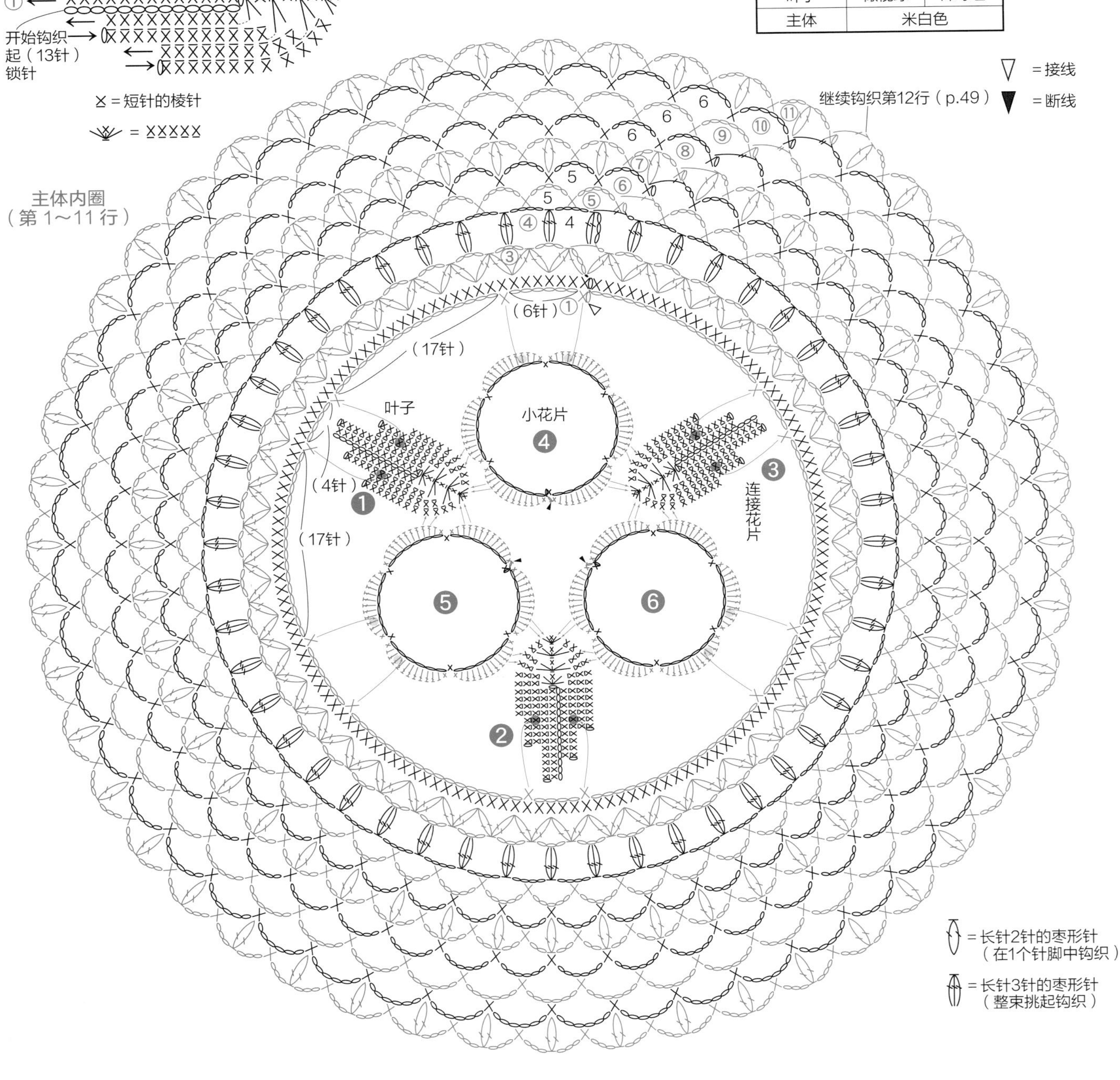

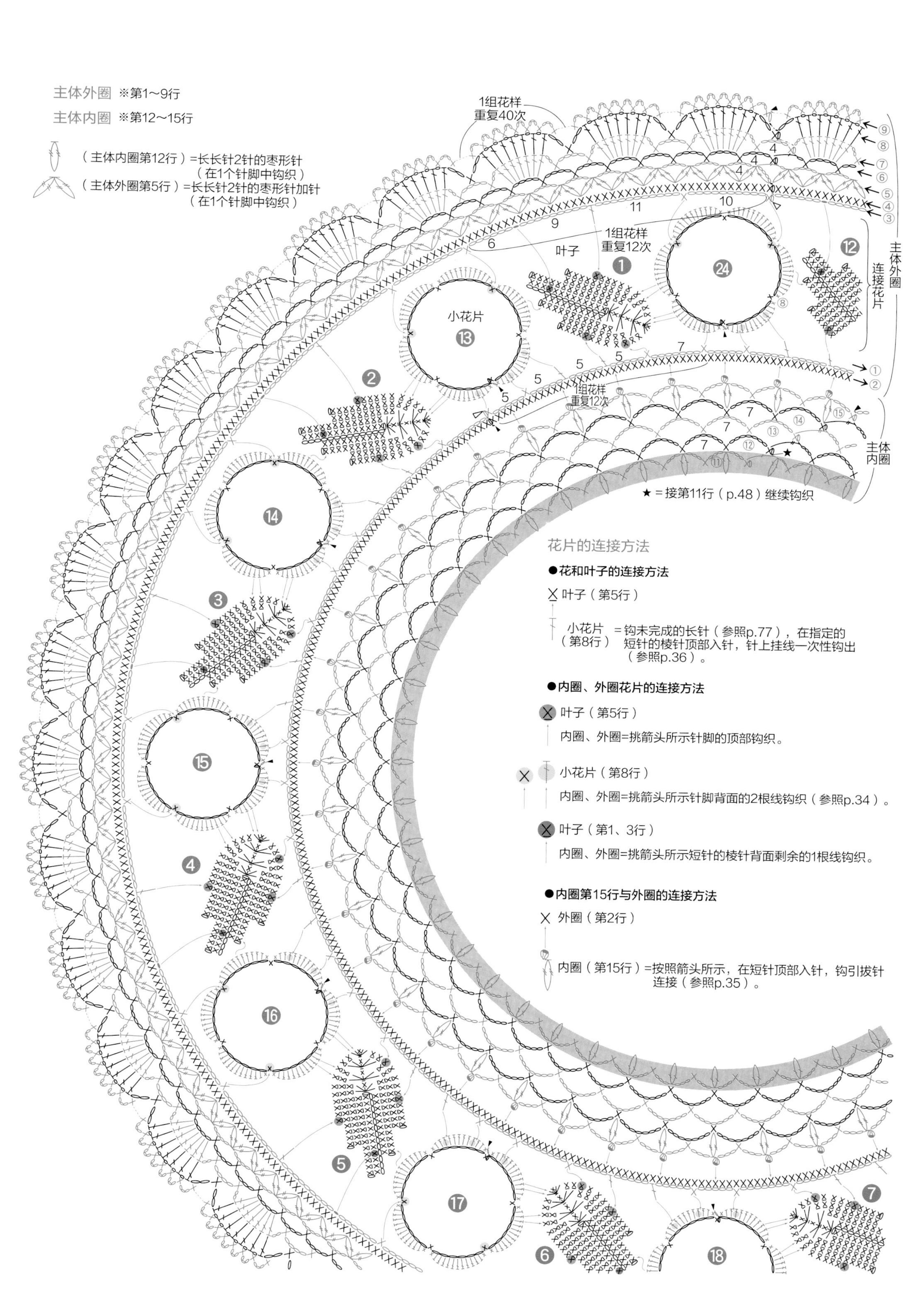
主体外圈 ※第1～9行
主体内圈 ※第12～15行
（主体内圈第12行）=长长针2针的枣形针
（在1个针脚中钩织）
（主体外圈第5行）=长长针2针的枣形针加针
（在1个针脚中钩织）
1组花样
重复40次
1组花样
重复12次
叶子
小花片
1组花样
重复12次
主体外圈
连接花片
主体内圈
★=接第11行（p.48）继续钩织
花片的连接方法
●花和叶子的连接方法
叶子（第5行）
小花片
（第8行）
=钩未完成的长针（参照p.77），在指定的
短针的棱针顶部入针，针上挂线一次性钩出
（参照p.36）。
●内圈、外圈花片的连接方法
叶子（第5行）
内圈、外圈=挑箭头所示针脚的顶部钩织。
小花片（第8行）
内圈、外圈=挑箭头所示针脚背面的2根线钩织（参照p.34）。
叶子（第1、3行）
内圈、外圈=挑箭头所示短针的棱针背面剩余的1根线钩织。
●内圈第15行与外圈的连接方法
外圈（第2行）
内圈（第15行）=按照箭头所示，在短针顶部入针，钩引拔针
连接（参照p.35）。

9 报春花

图片 ／ p.13

【线材】Olympus

Emmy Grande/ 浅绿色（251）…14g，浅黄色（520）、米白色（804）…各 4g

Emmy Grande<COLORS>/ 绿 色（265） …10g， 浅 黄 绿 色（244）…5g，深粉色（127）…3g，紫色（675）…2g

Emmy Grande<Herbs>/ 芥黄色（582）…1g

【针】蕾丝针 2 号

【密度】长针 / 1 行 =0.7cm

【尺寸】26cm × 26cm（正方形）

【钩织方法】

1 钩织主体。环形起针，第 1 行钩 8 针短针，第 2～14 行按照图解钩织。

2 钩织小花片。参照“小花片的连接方法”，一边钩织一边将花片连接到主体上。

3 参照配色表钩织所需数量的叶子 A、B，再参照“整合方法”缝合在指定位置。

叶子 A 绿色 20 片

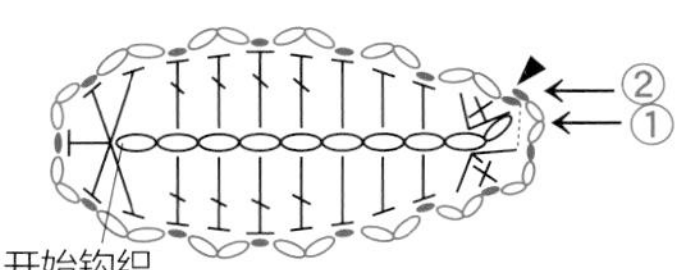

小花片

a、b、c、d、e…各4片

③
④
②
①
环

小花片的钩织方法

（第3行）=挑第2行的外侧半针钩织（参照p.34）。

（第4行）=在第3行的长针之间入针钩织。

叶子 B

浅黄绿色 12片

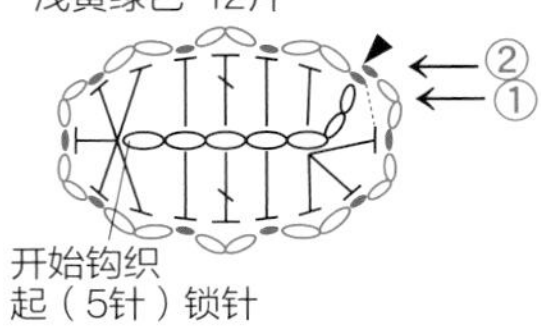

小花片的配色表

行数	a	b	c	d	e
第4行	米白色	紫色	深粉色	深粉色	浅黄色
第3行				米白色	
第2行	芥黄色	浅黄色			芥黄色
第1行	浅黄绿色				

小花片的连接方法

※按照❶～❺的顺序一边钩织花片一边连接。连接在主体的四个角上。

╳ = 在箭头所示位置重新入针，钩短针连接（参照p.36）。

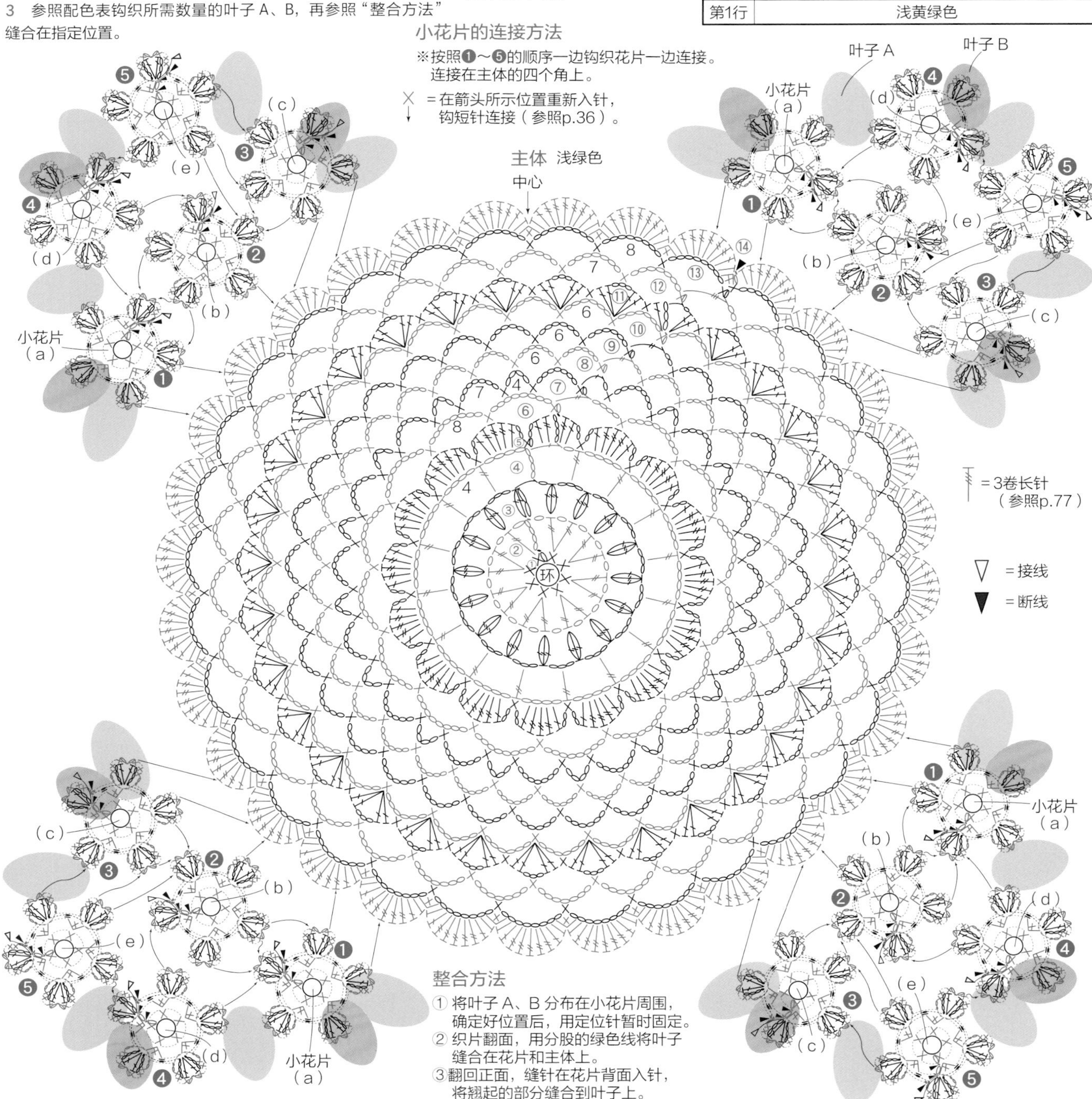

= 3卷长针（参照p.77）

▽ = 接线

▼ = 断线

整合方法

① 将叶子 A、B 分布在小花片周围，确定好位置后，用定位针暂时固定。

② 织片翻面，用分股的绿色线将叶子缝合在花片和主体上。

③ 翻回正面，缝针在花片背面入针，将翘起的部分缝合到叶子上。

12 向日葵

图片 ／ p.16

【线材】DMC
CÉBÉLIA 20 号 / 白 色（BLANC）…20g，金黄色（743）…13g，橄榄绿（3364）…10g，茶褐色（434）…7g
【针】蕾丝针 6 号
【密度】长针 /1 行 =0.5cm
【尺寸】直径 33m（圆形）

【钩织方法】
1 环形起针钩织主体。第 1 行钩 24 针。第 2～16 行参照图解钩织，1 个花样重复 12 次。在❶～⓬的指定位置接新线钩织第 17～21 行。分别往返钩织每一个花样。
2 在第 10 行的指定位置接线钩织第 22 行。继续钩至第 24 行。
3 按照❶～⓬的顺序钩织小花片，作为第 25 行。一边钩织一边与相邻的花片和主体的指定位置相连接。
4 在第 25 行入针钩织第 26 行。参照图解继续钩织第 27～29 行。

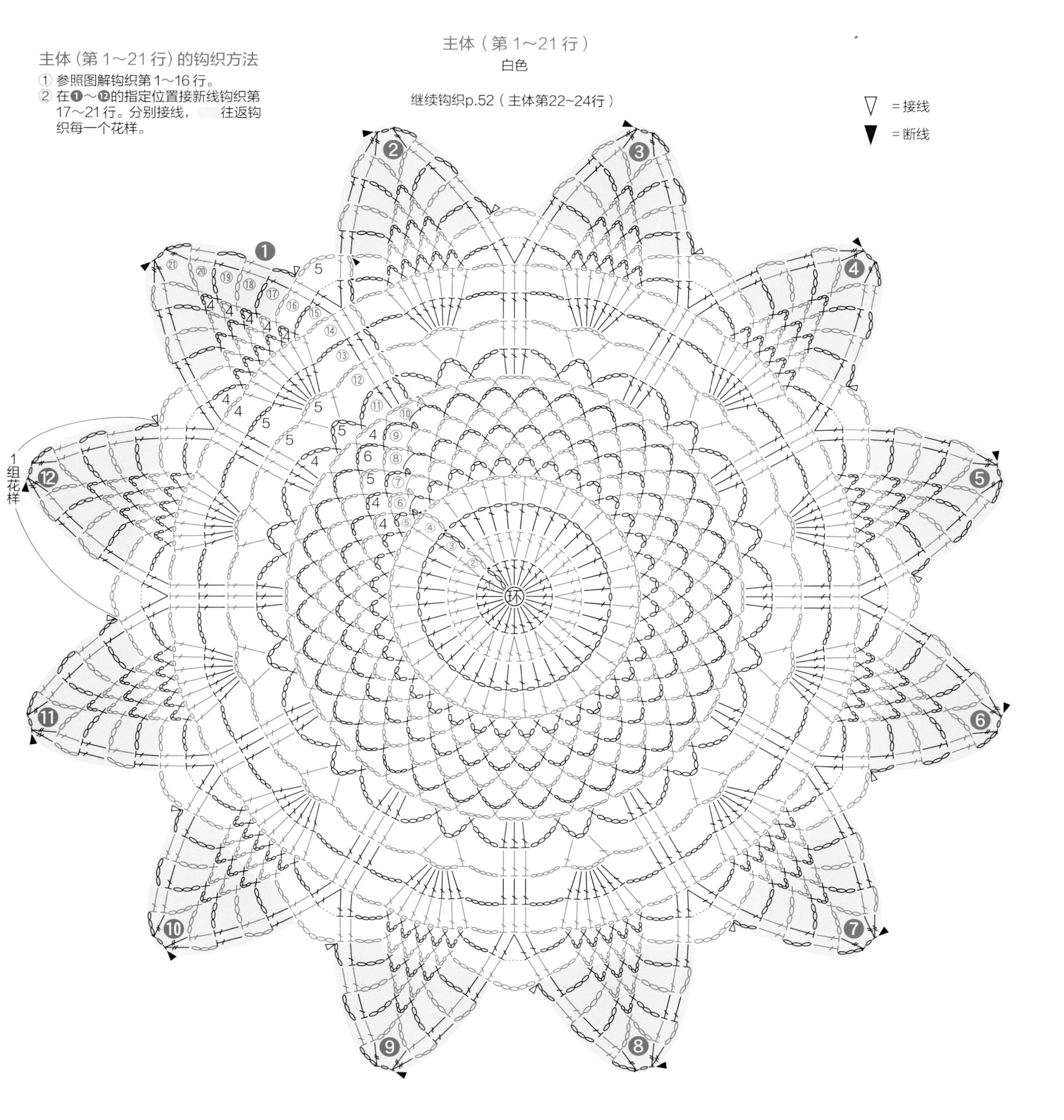

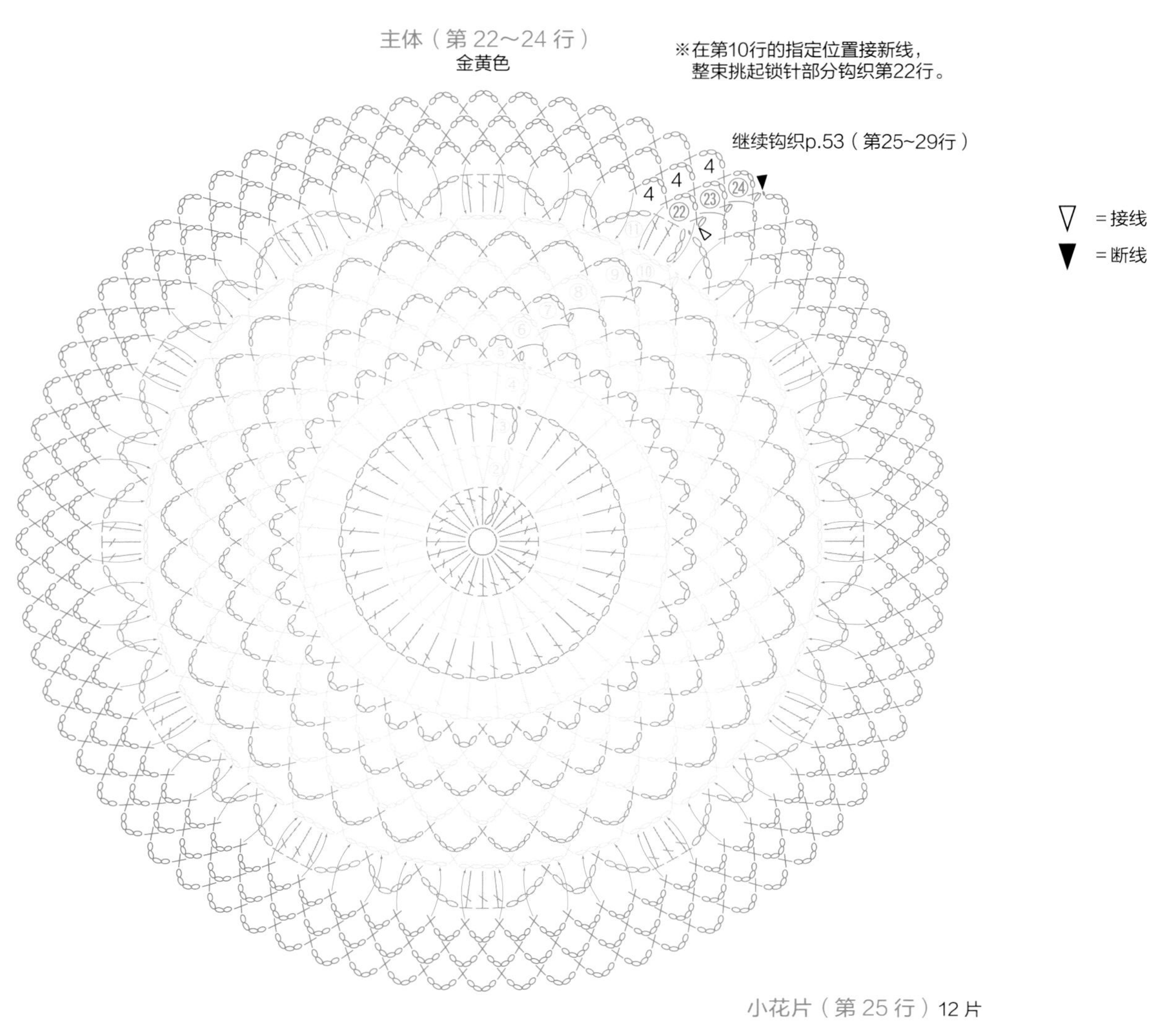

小花片（第25行）的钩织方法

※按照❶~⓬的顺序钩织小花片（参照p.53）。

第6行…向内翻折第4、5行，在第3行上钩织。

第8行…一边钩织一边用引拔针连接相邻的花片和主体（参照p.53）。

小花片的配色表

行数	颜色
第6~8行	橄榄绿
第4、5行	金黄色
第1~3行	茶褐色

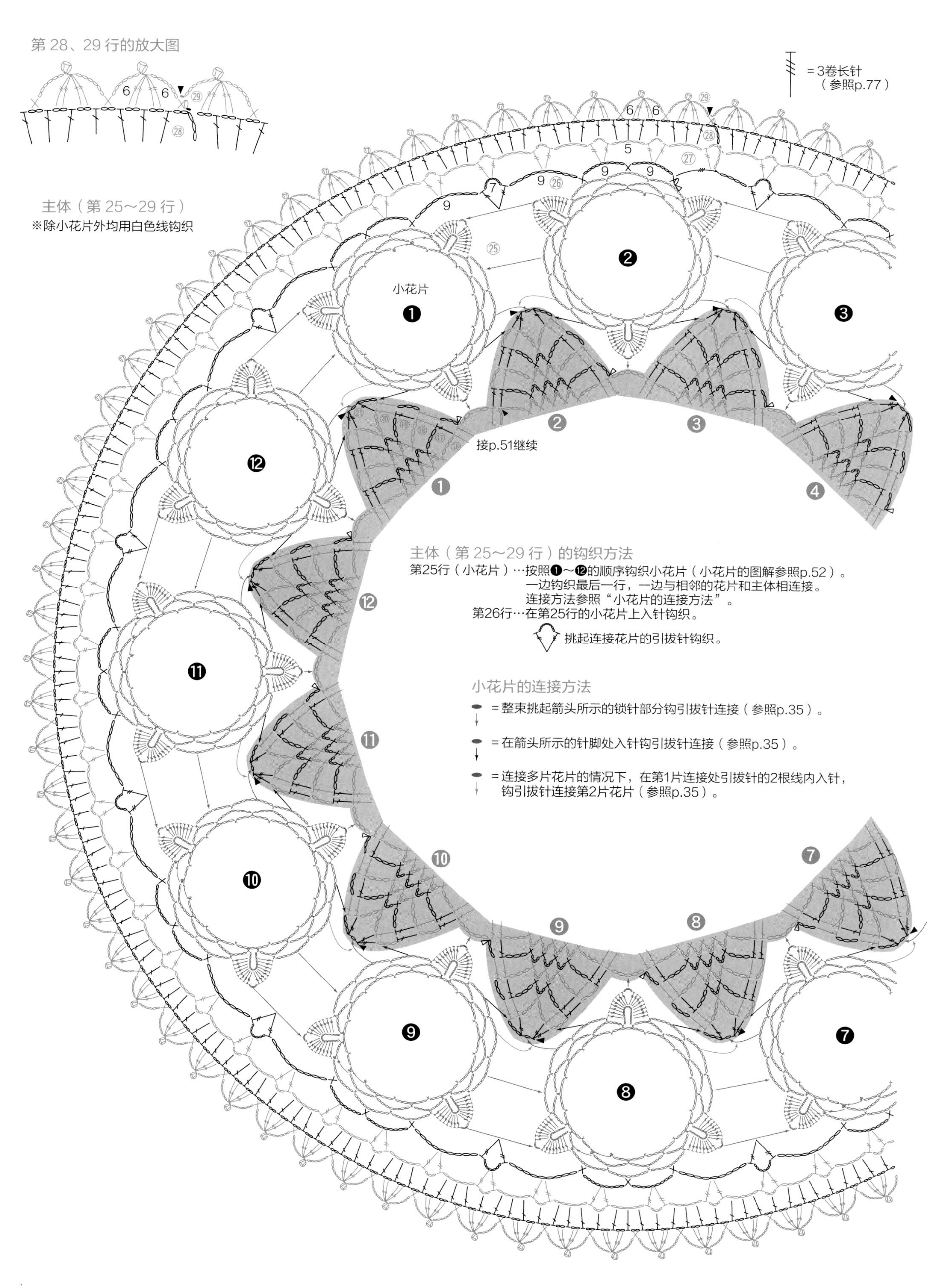

第 28、29 行的放大图
=3卷长针
（参照p.77）
主体（第 25～29 行）
※除小花片外均用白色线钩织
小花片
接p.51继续
主体（第 25～29 行）的钩织方法
第25行（小花片）…按照❶～⓬的顺序钩织小花片（小花片的图解参照p.52）。
一边钩织最后一行，一边与相邻的花片和主体相连接。
连接方法参照“小花片的连接方法”。
第26行…在第25行的小花片上入针钩织。
挑起连接花片的引拔针钩织。
小花片的连接方法
=整束挑起箭头所示的锁针部分钩引拔针连接（参照p.35）。
=在箭头所示的针脚处入针钩引拔针连接（参照p.35）。
=连接多片花片的情况下，在第1片连接处引拔针的2根线内入针，
钩引拔针连接第2片花片（参照p.35）。

10、11 玛格丽特菊

图片 ／ p.14　重点课程 ／ p.37, 38

【线材】DMC
10　CÉBÉLIA 20 号 / 生成色（ECRU）…20g、白色（BLANC）…14g
11　CÉBÉLIA 20 号 / 白色（B5200）…16g，蓝色（797）…14g，黄色（726）…5g
【针】蕾丝针 6 号
【密度】长针 / 1 行 =0.4cm
【尺寸】直径 25m（圆形）
【钩织方法】
1　钩织小花片。参照“小花片的钩织方法”钩 12 片（参照 p.37、38）。
2　钩织主体。环形起针，第 1 行钩 6 个短针。参照图解钩织第 2～18 行，1 组花样重复 12 次。
3　钩第 19、20 行时，与之前钩好的小花片相连接。继续参照图解钩织第 21～23 行。

花芯（第 1～4 行）12 片

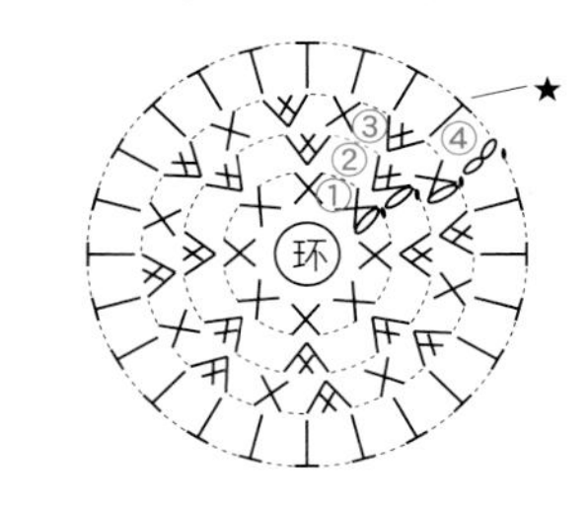

花底座　12 片

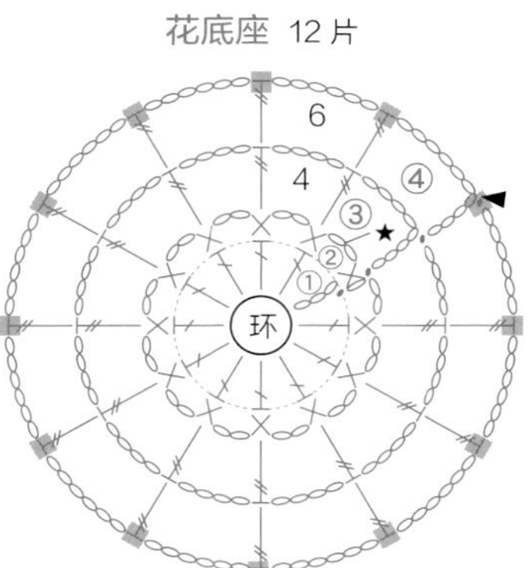

花瓣　12 片

花芯（第 5 行）
将花芯的第4行（反面）与花底座的第2行重合在一起钩织（参照p.37）。

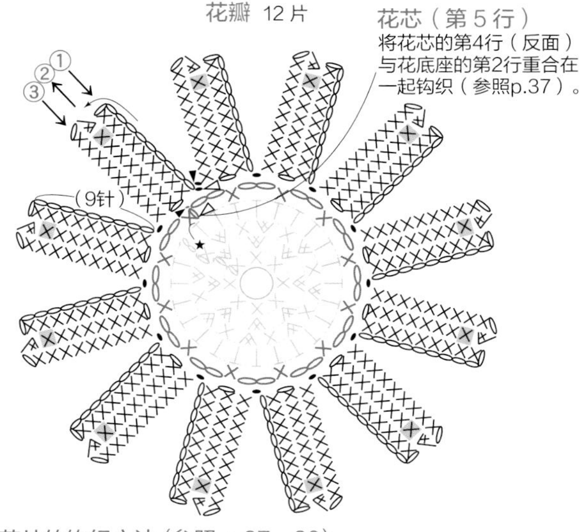

小花片的钩织方法（参照 p.37、38）

① 钩织花底座。
② 花芯钩至第 4 行。
③ 将花芯反面朝上，与花底座（正面）重合在一起，同时挑起花芯第 4 行和花底座第 2 行的锁针部分，钩织花芯的第 5 行（参照 p.37）。
④ 钩织花瓣，整束挑起花芯第 5 行的锁针钩织。花瓣的第 2、第 3 行需挑起第 1 行锁针的内侧半针和里山钩织。花瓣的（■）处需暂时取下钩针，在花底座长长针顶部（■）的反面重新入针，把刚才取下的线圈钩出（参照 p.38）。

小花片的配色表

部位	10	11
花瓣	白色	白色
花底座	生成色	蓝色
花芯	生成色	黄色

主体（第 1～18 行）

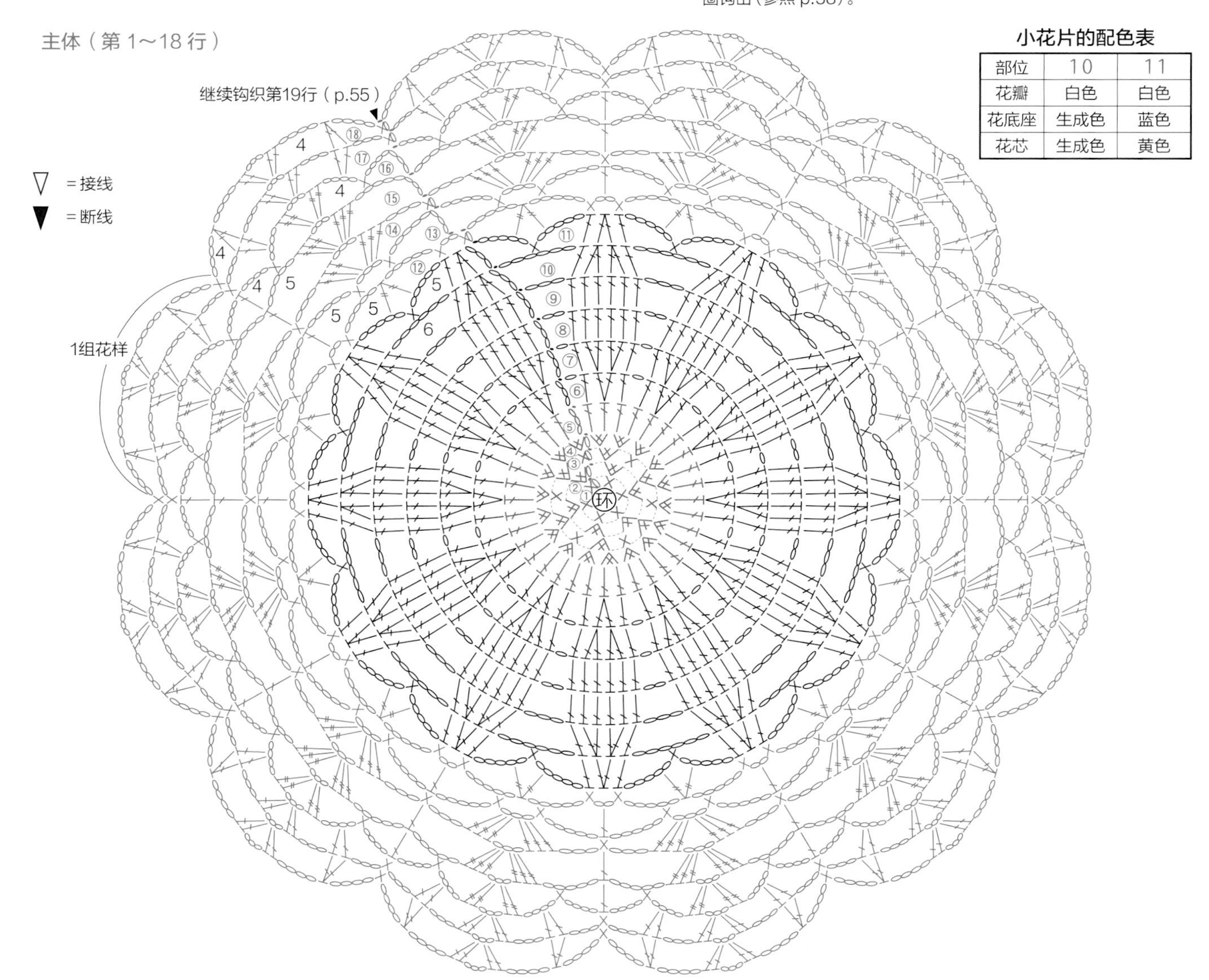

主体（第 19～23 行）

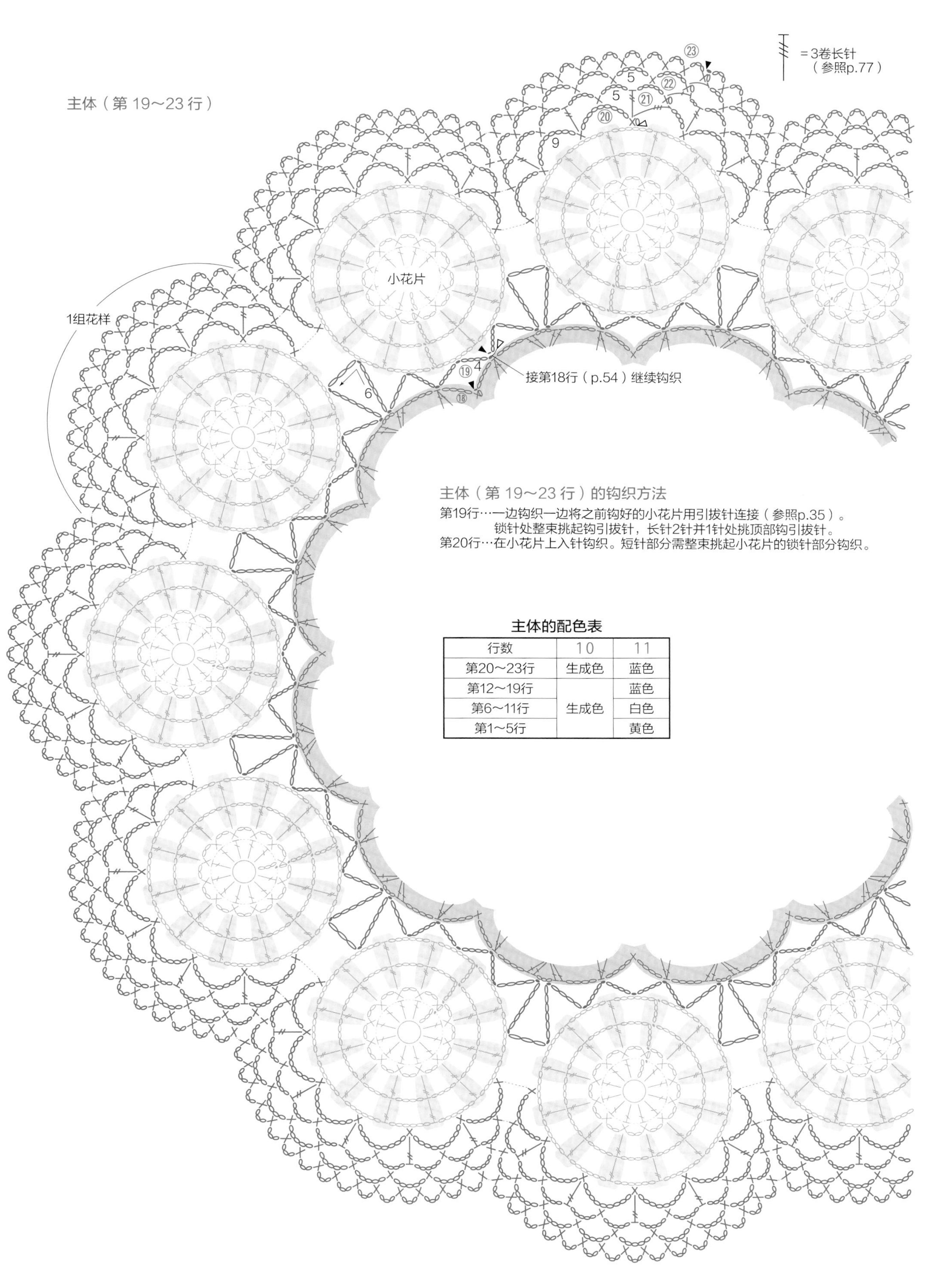

主体（第 19～23 行）的钩织方法

第19行…一边钩织一边将之前钩好的小花片用引拔针连接（参照p.35）。
锁针处整束挑起钩引拔针，长针2针并1针处挑顶部钩引拔针。

第20行…在小花片上入针钩织。短针部分需整束挑起小花片的锁针部分钩织。

主体的配色表

行数	10	11
第20～23行	生成色	蓝色
第12～19行	生成色	蓝色
第6～11行		白色
第1～5行		黄色

13 一品红

图片 ／ p.17

【线材】DMC
CÉBÉLIA 10号／红色（666）…22g，深绿色（699）、白色（BLANC）…各12g，金黄色（743）…1g
【针】蕾丝针4号
【密度】长针／1行=0.5cm
【尺寸】29cm×33cm
【钩织方法】
参照“钩织顺序”，按照花片→叶子→边缘花样的顺序钩织。

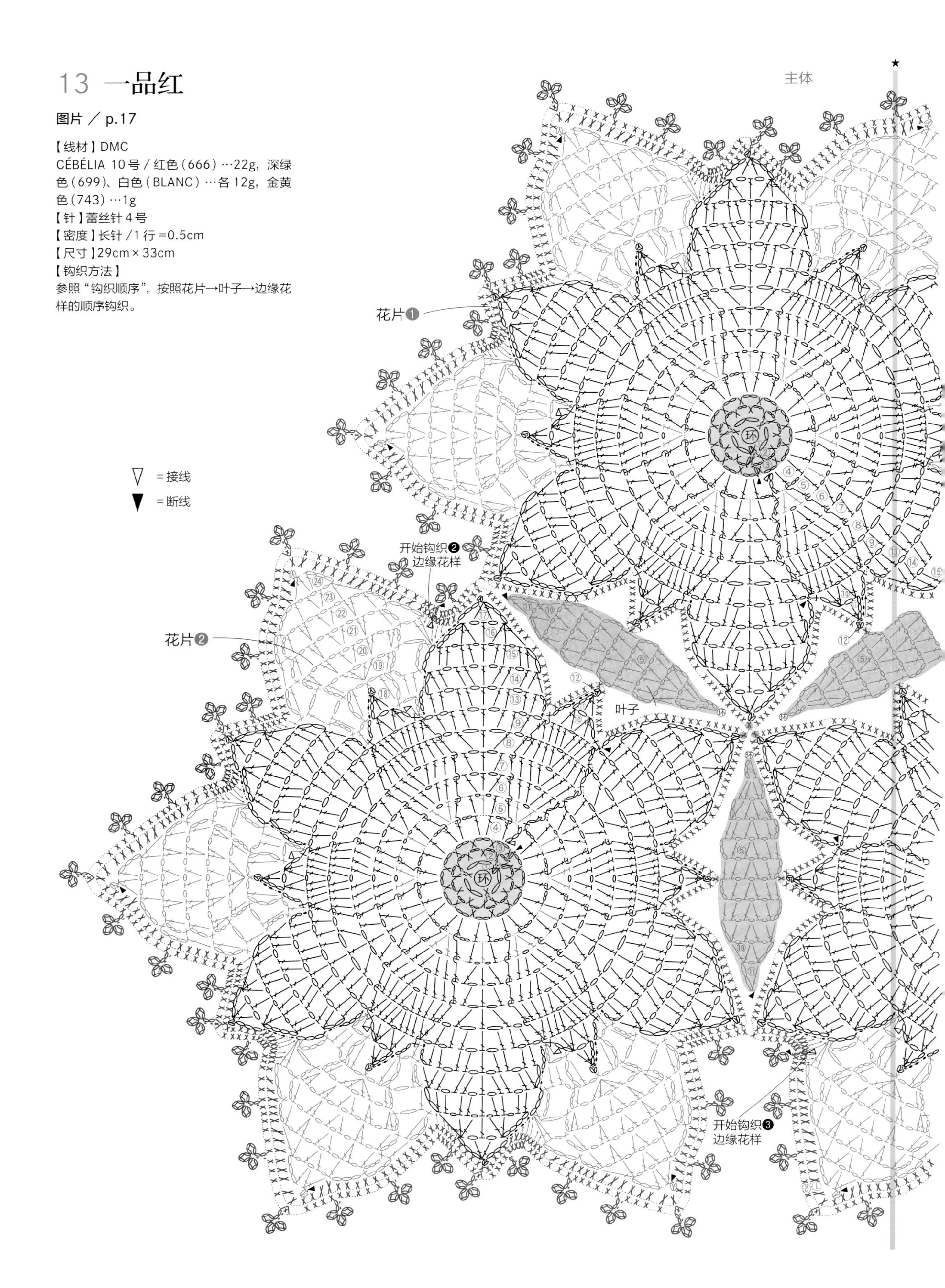

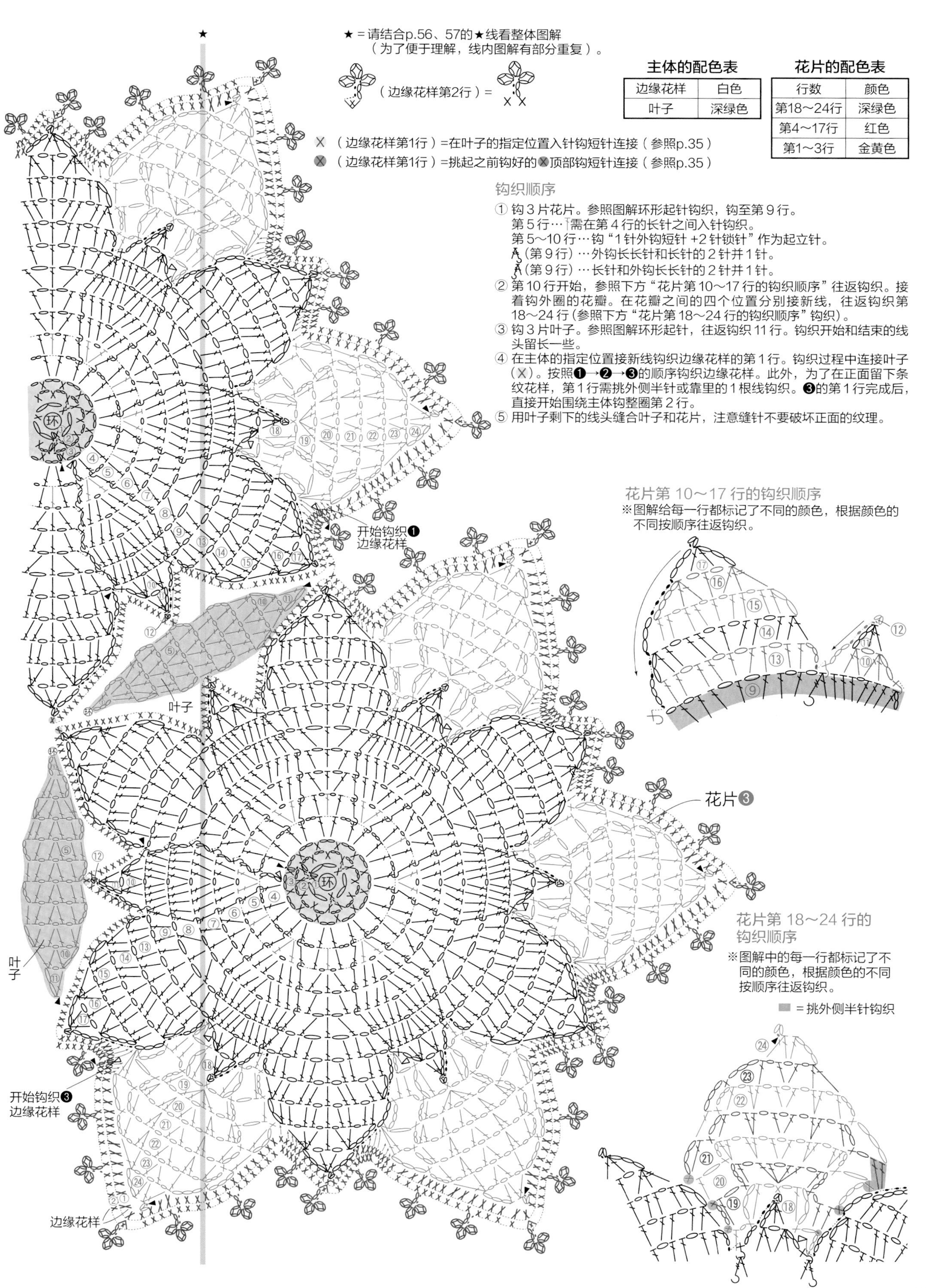

★ = 请结合p.56、57的★线看整体图解
（为了便于理解，线内图解有部分重复）。

主体的配色表

边缘花样	白色
叶子	深绿色

花片的配色表

行数	颜色
第18～24行	深绿色
第4～17行	红色
第1～3行	金黄色

X （边缘花样第1行）=在叶子的指定位置入针钩短针连接（参照p.35）

⊗ （边缘花样第1行）=挑起之前钩好的⊗顶部钩短针连接（参照p.35）

钩织顺序

① 钩3片花片。参照图解环形起针钩织，钩至第9行。
第5行…需在第4行的长针之间入针钩织。
第5～10行…钩“1针外钩短针+2针锁针”作为起立针。
（第9行）…外钩长长针和长针的2针并1针。
（第9行）…长针和外钩长长针的2针并1针。
② 第10行开始，参照下方“花片第10～17行的钩织顺序”往返钩织。接着钩外圈的花瓣。在花瓣之间的四个位置分别接新线，往返钩织第18～24行（参照下方“花片第18～24行的钩织顺序”钩织）。
③ 钩3片叶子。参照图解环形起针，往返钩织11行。钩织开始和结束的线头留长一些。
④ 在主体的指定位置接新线钩织边缘花样的第1行。钩织过程中连接叶子（X）。按照❶→❷→❸的顺序钩织边缘花样。此外，为了在正面留下条纹花样，第1行需挑外侧半针或靠里的1根线钩织。❸的第1行完成后，直接开始围绕主体钩整圈第2行。
⑤ 用叶子剩下的线头缝合叶子和花片，注意缝针不要破坏正面的纹理。

花片第10～17行的钩织顺序

※图解给每一行都标记了不同的颜色，根据颜色的不同按顺序往返钩织。

花片第18～24行的钩织顺序

※图解中的每一行都标记了不同的颜色，根据颜色的不同按顺序往返钩织。

▬ = 挑外侧半针钩织

16 铃兰

图片 ／ p.21

【线材】DARUMA
蕾丝线 30 号 葵 / 米白色（15）…37g
【针】蕾丝针 4 号
【密度】长针 /1 行 =0.5cm
【尺寸】直径 32cm（正圆）
【钩织方法】
环形起针钩织主体。第 1 行钩 12 针短针。第 2～31 行参照图解钩织，1 组花样重复 6 次。

主体的钩织方法

（第7行）=挑前一行锁针的外侧半针和里山钩织。

←本行的起点（仅第11～18行、第28～31行）
←前一行的终点
= 整束挑起前一行终点的针脚钩本行的第1针短针。

（第18行）=长针3针的爆米花针（在1个针脚中钩织）

（第18行）=长针4针的爆米花针（在1个针脚中钩织）

（第15、17行）=长针5针的爆米花针（在1个针脚中钩织）

（第3行）=长针5针的枣形针（整束挑起钩织）

主体（第 1～18 行）

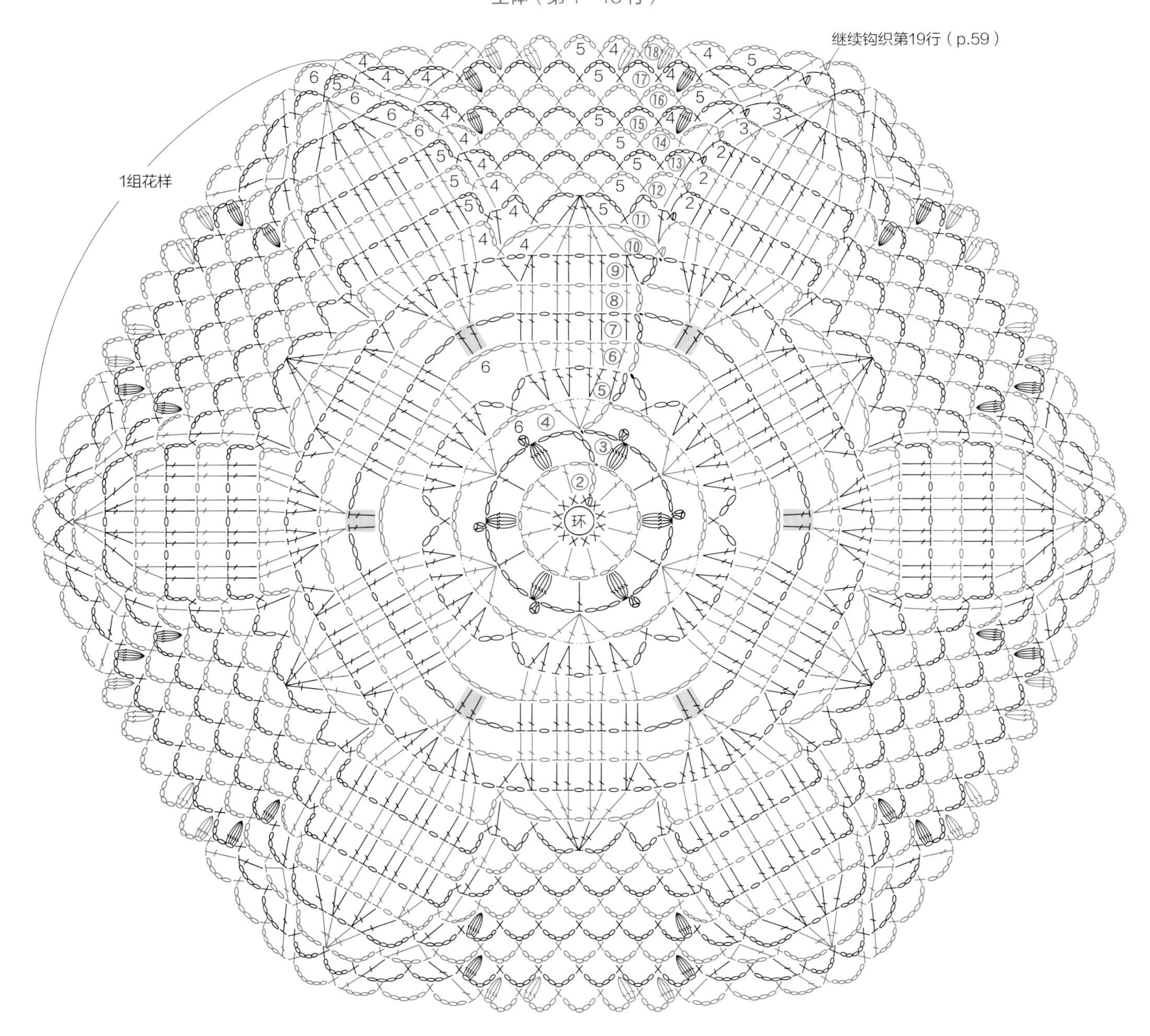

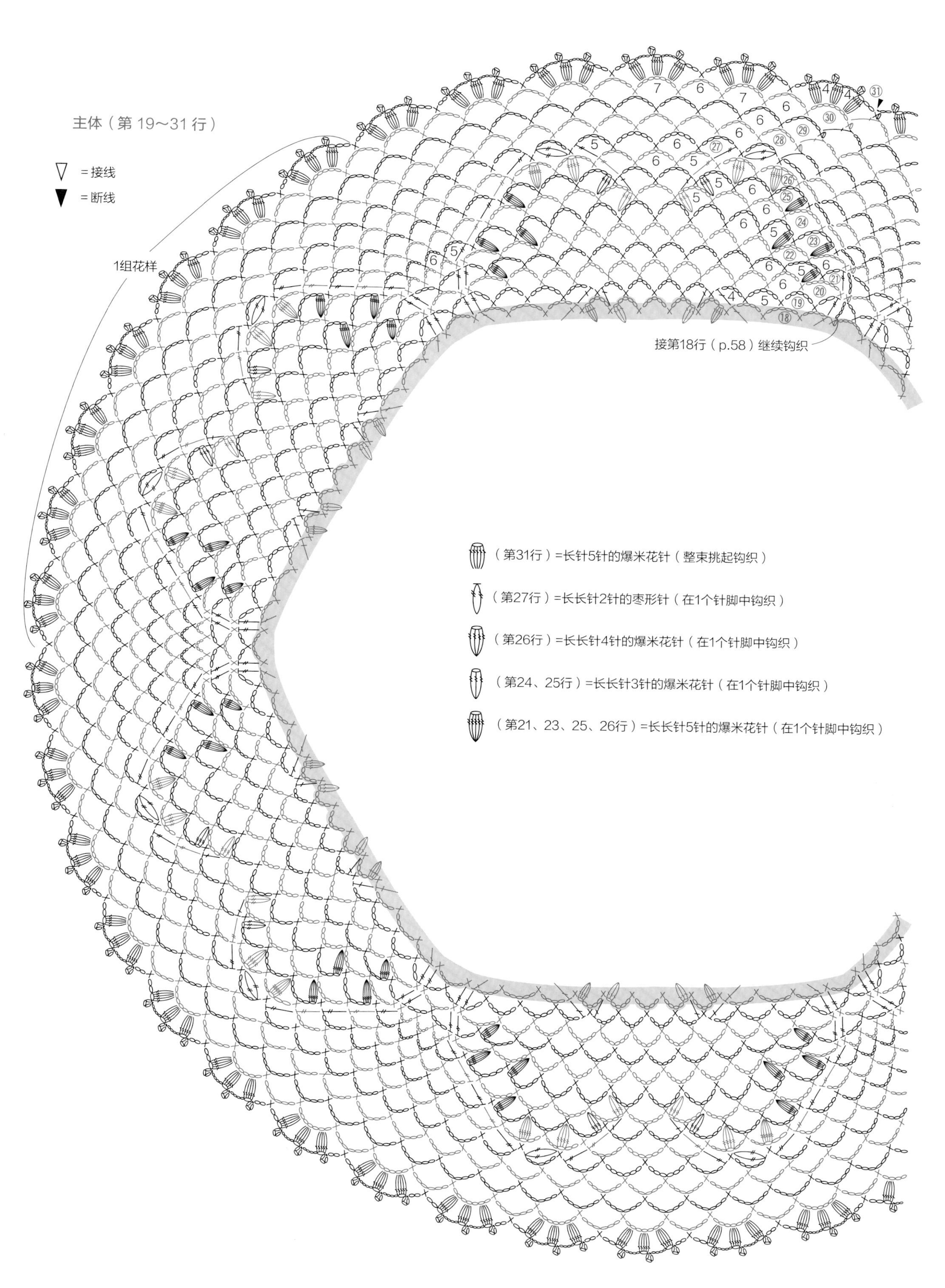
主体（第 19～31 行）
▽ =接线
▼ =断线
1组花样
接第18行（p.58）继续钩织
（第31行）=长针5针的爆米花针（整束挑起钩织）
（第27行）=长长针2针的枣形针（在1个针脚中钩织）
（第26行）=长长针4针的爆米花针（在1个针脚中钩织）
（第24、25行）=长长针3针的爆米花针（在1个针脚中钩织）
（第21、23、25、26行）=长长针5针的爆米花针（在1个针脚中钩织）

15 葡萄风信子

图片／p.20

【线材】DARUMA
蕾丝线30号 葵／米白色（15）…31g
【针】蕾丝针4号
【密度】长针／1行=0.6cm
【尺寸】直径31cm（正圆）
【钩织方法】
环形起针钩织主体。1组花样重复6次，按照图解钩至第27行。

▽ =接线
▼ =断线

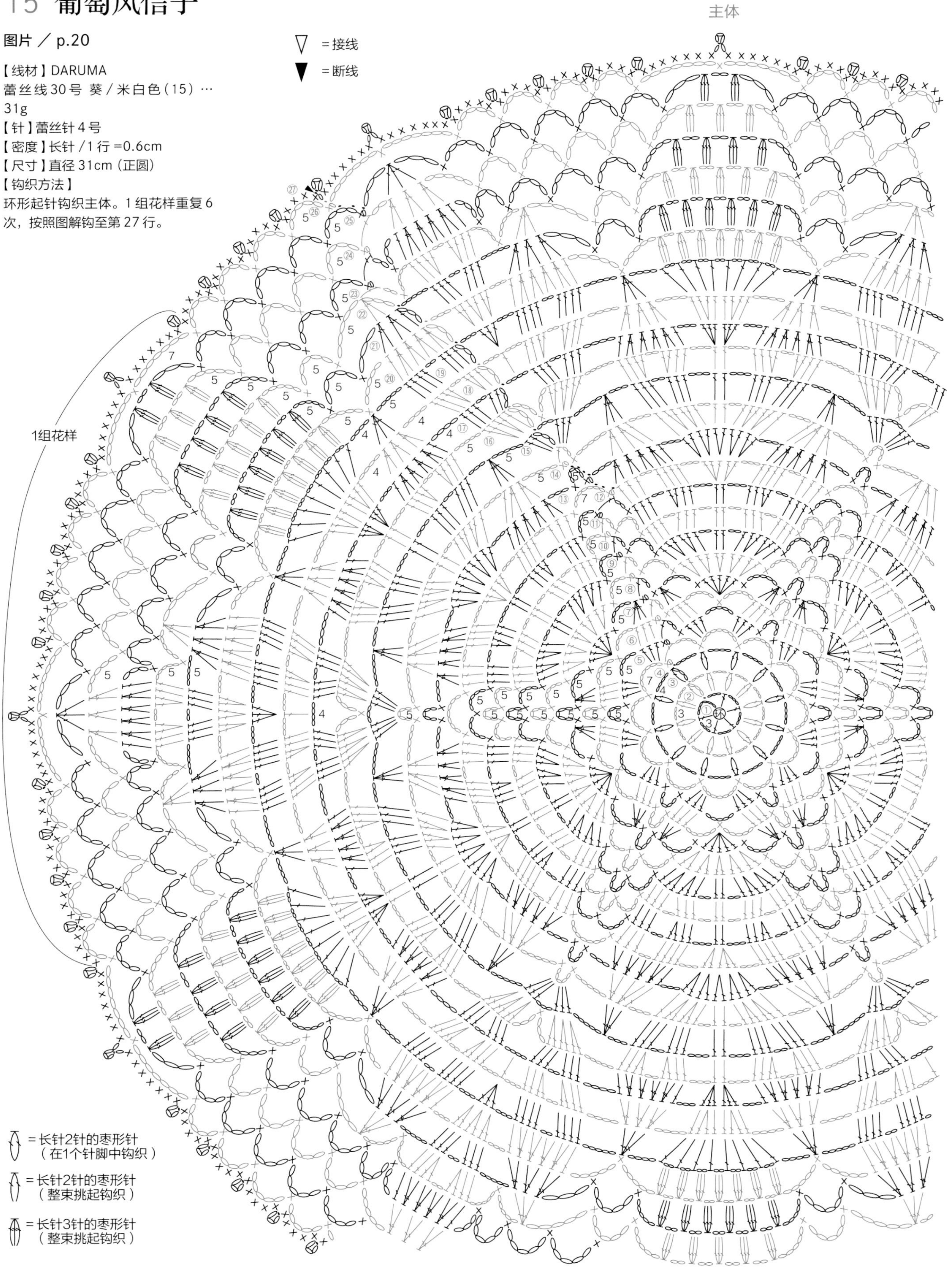

主体

1组花样

= 长针2针的枣形针（在1个针脚中钩织）
= 长针2针的枣形针（整束挑起钩织）
= 长针3针的枣形针（整束挑起钩织）

17 非洲菊

图片 ／ p.22　重点课程 ／ p.38

【线材】DARUMA
蕾丝线 30 号 葵／米色（3）…16g
【针】蕾丝针 4 号
【密度】长针／1 行 =0.6cm
【尺寸】直径 28cm（正圆）
【钩织方法】
环形起针钩织主体。第 1 行钩 12 针短针。第 2～18 行按照图解钩织，1 组花样重复 12 次（参照 p.38）。

※第10行的钩织方法参照p.38。　※第10行按照❶～㉔的顺序钩织。

X（第10行）=钩未完成的短针（参照p.77），在连接处❶的锁针起立针和第1针短针之间入针，针上挂线引出，与❶连接在一起（参照p.38）。

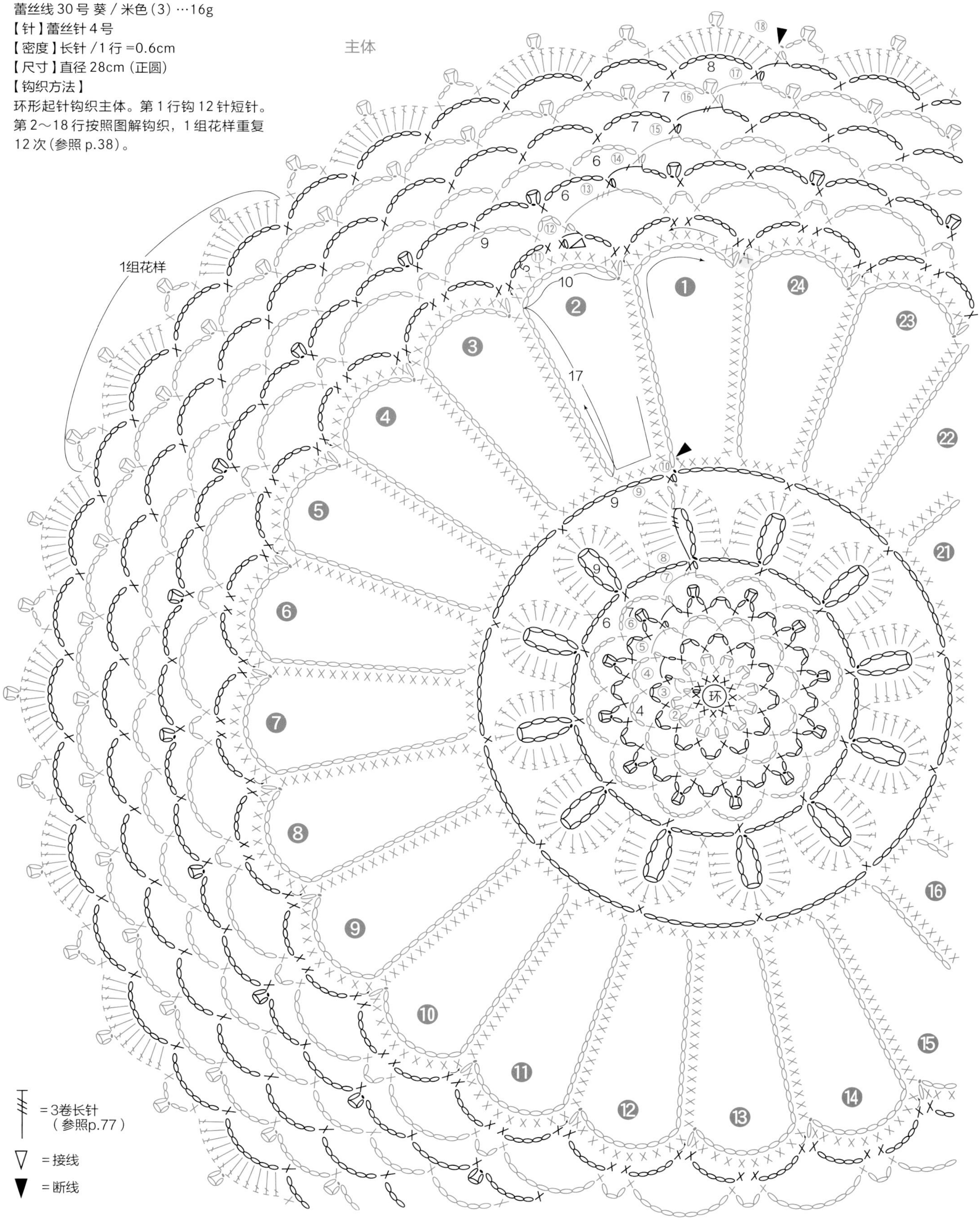

主体

1组花样

= 3卷长针（参照p.77）

▽ = 接线

▼ = 断线

18　铁线莲

图片 ／ p.23

【线材】DARUMA
蕾丝线 30 号 葵 / 米色（3）…29g
【针】蕾丝针 4 号
【密度】长针 / 1 行 =0.6cm
【尺寸】直径 30cm（正圆）

【钩织方法】
环形起针钩织主体。第 1 行钩 6 针短针。第 2～8 行按照图解钩织，1 组花样重复 6 次，第 9～32 行按照图解，1 组花样重复 8 次。

主体（第 1～19 行）

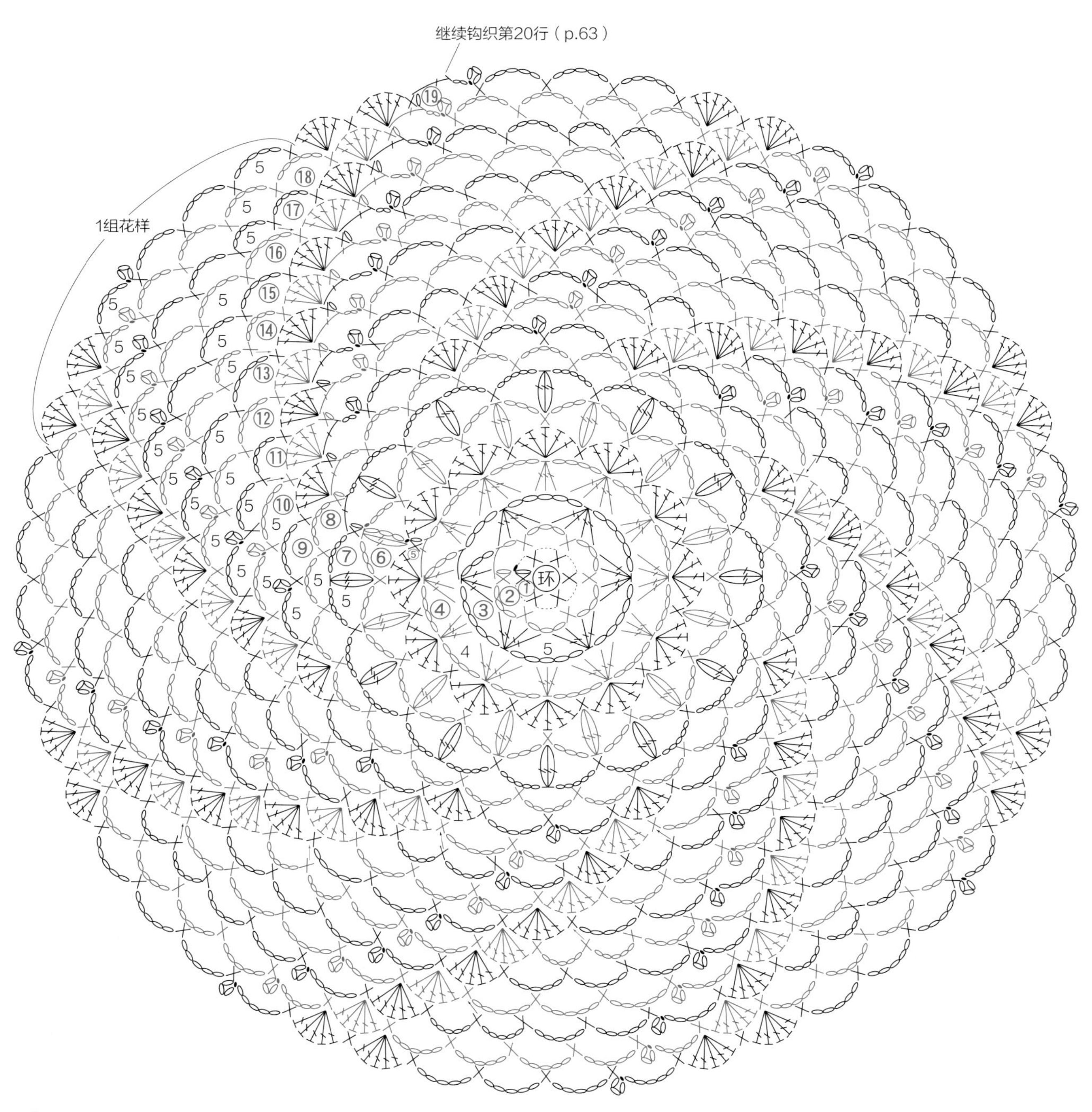

= 长针3针的枣形针（在1个针脚中钩织）

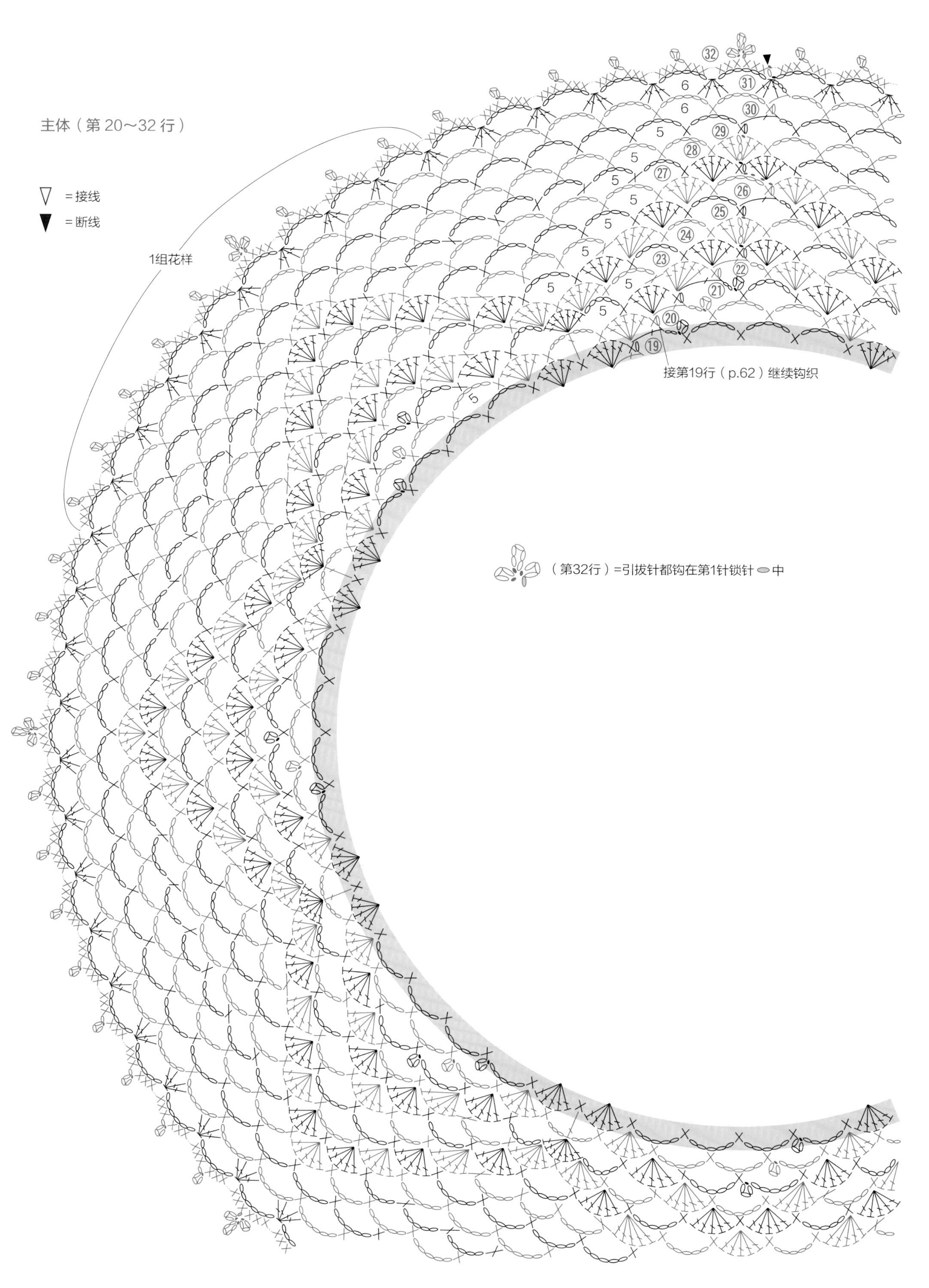
主体（第 20～32 行）
▽ =接线
▼ =断线
1组花样
接第19行（p.62）继续钩织
（第32行）=引拔针都钩在第1针锁针 中

19 郁金香

图片 ／ p.24

【线材】Olympus
金票 40 号蕾丝线 / 米白色（802）…27g
【针】蕾丝针 6 号
【密度】长针 / 1 行 =0.6cm
【尺寸】直径 38cm（正圆）
【钩织方法】
环形起针钩织主体。1 组花样重复 8 次，参照图解钩至第 28 行。

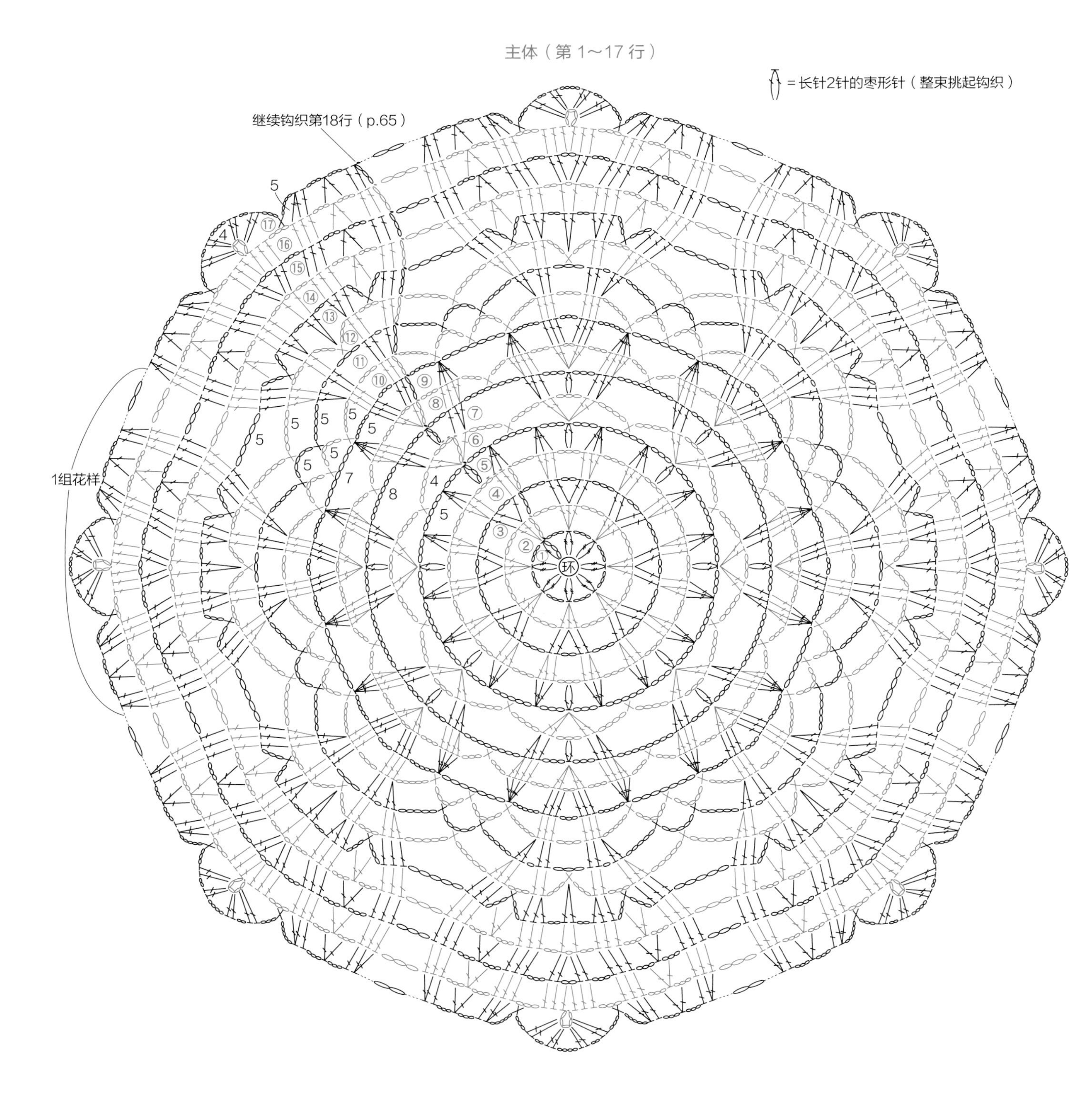

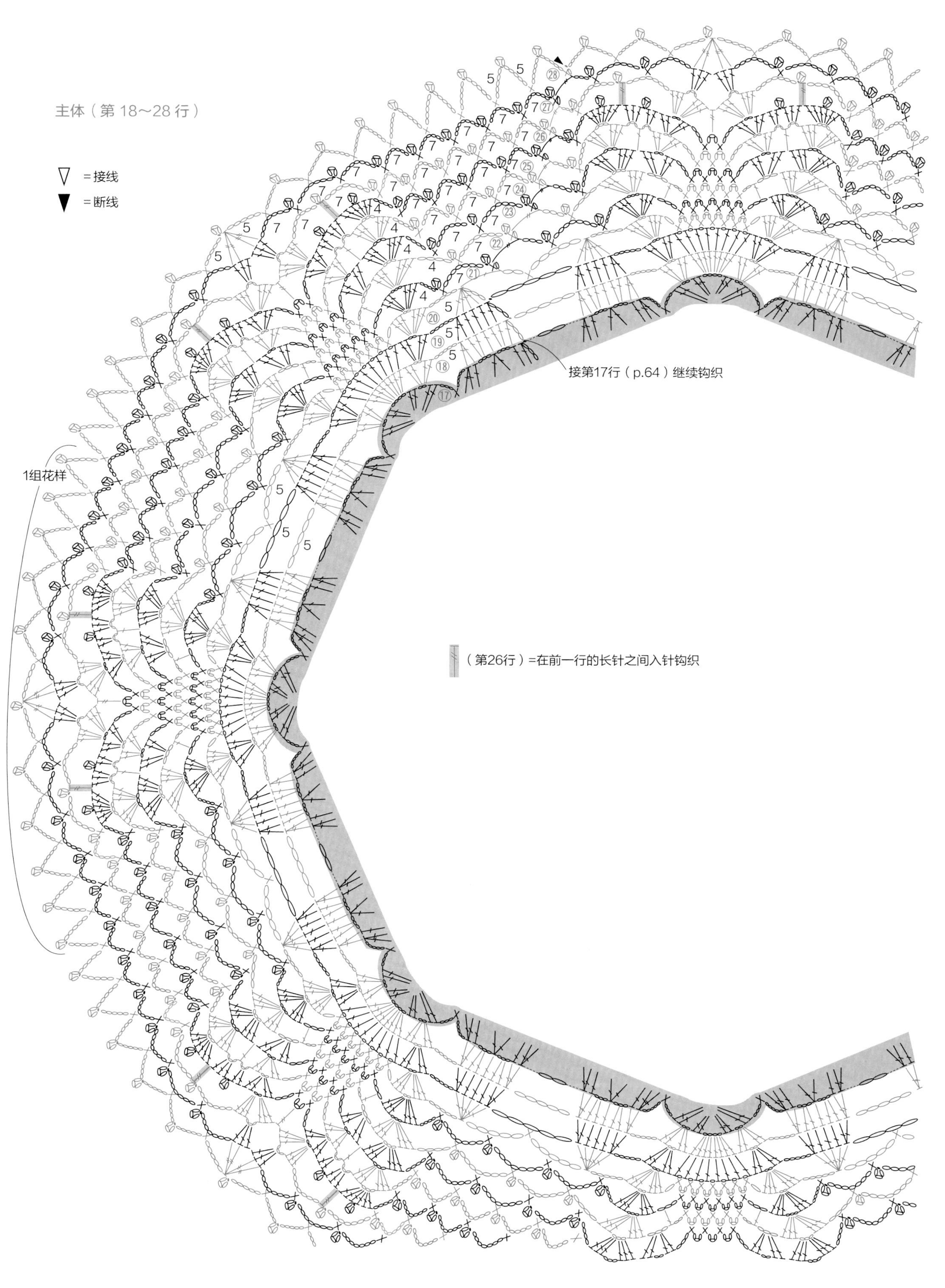
主体（第 18～28 行）
▽ =接线
▼ =断线
1组花样
接第17行（p.64）继续钩织
（第26行）=在前一行的长针之间入针钩织

20 三色堇

图片 ／ p.25

【线材】Olympus
金票 40 号蕾丝线 / 米白色（802）…36g
【针】蕾丝针 8 号
【密度】长针 / 1 行 =0.4cm
方眼钩织 / 10cm=23 格 ×26 行
【尺寸】长 38cm× 宽 36cm
【钩织方法】
环形起针钩织主体。第 1 行钩 18 针短针。第 2～43 行按照图解钩织，1 组花样重复 6 次。此外，方眼钩织的长针挑针方法参照 p.34。

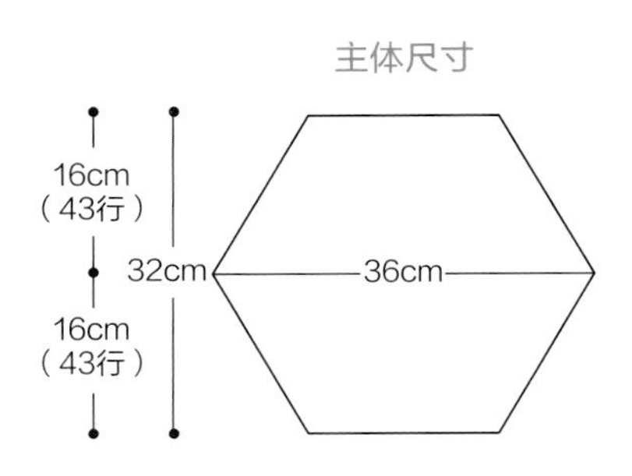

主体（第 1～18 行）

※方眼钩织的长针挑针方法参照p.34

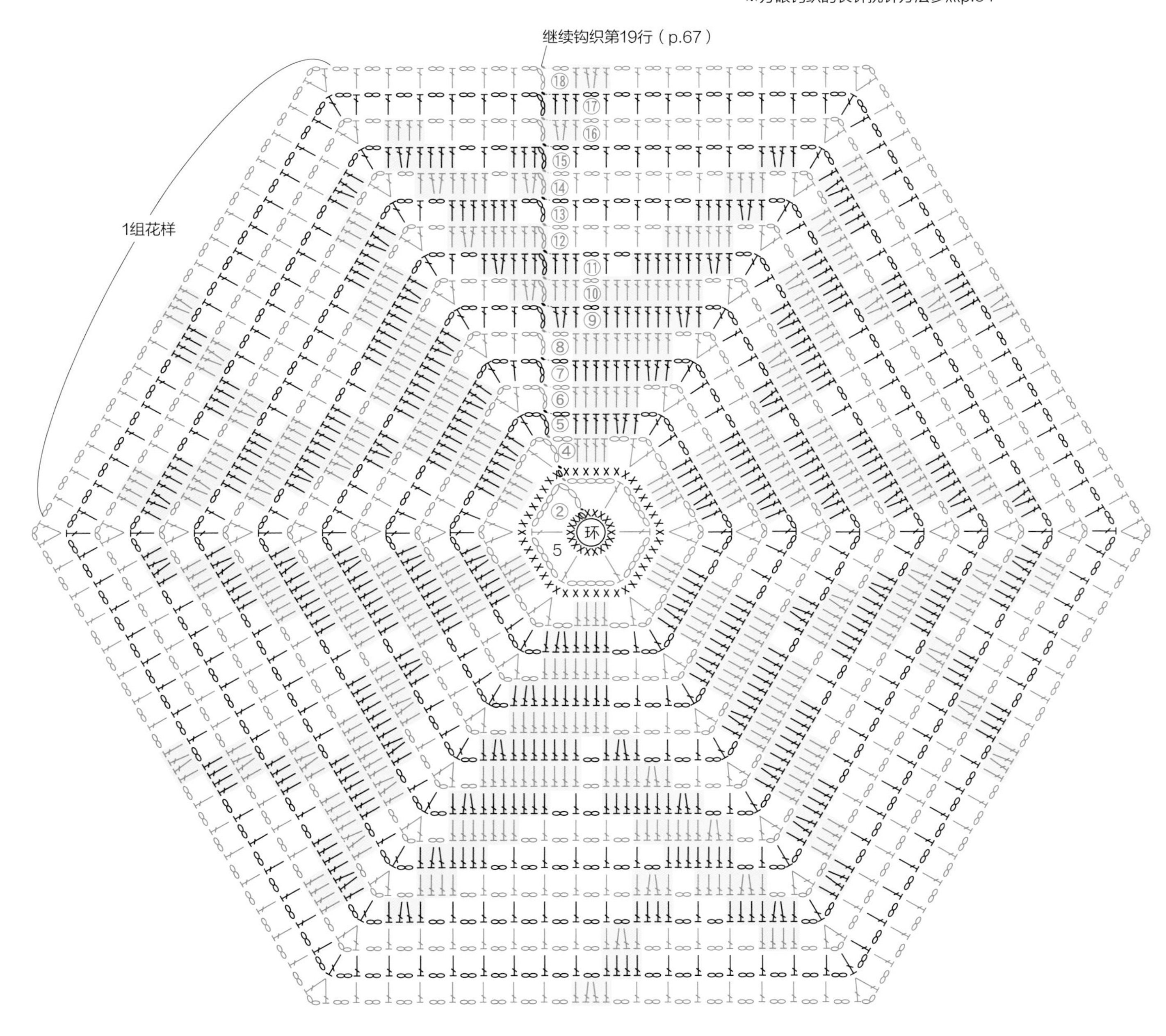

主体（第 19～43 行）

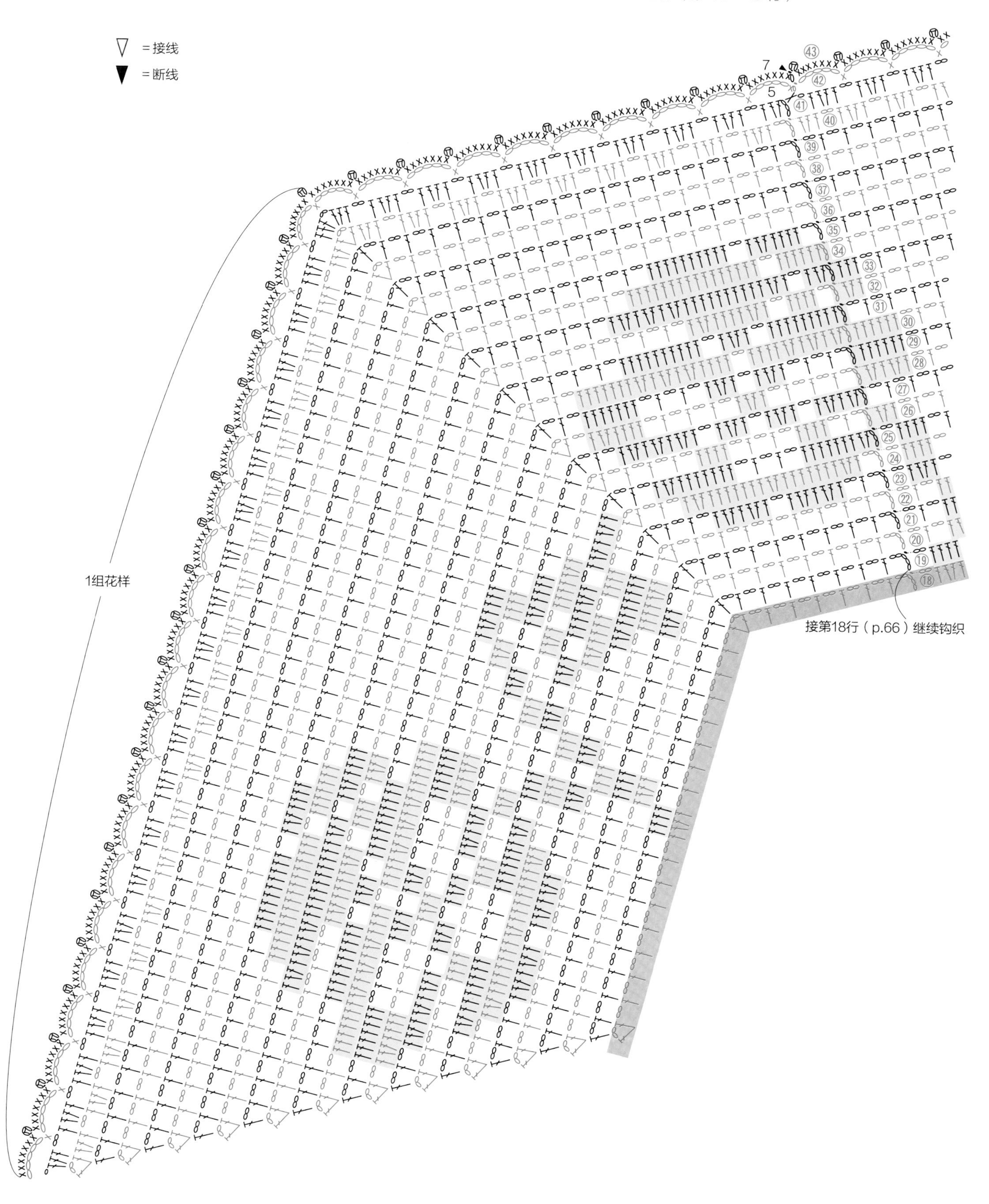

21、22 叶子

图片 ／ p.26

【线材】Olympus
21　金票 40 号蕾丝线 / 米白色（802）…35g
22　金票 40 号蕾丝线 / 黑色（901）…35g
【针】蕾丝针 8 号
【密度】长针 /1 行 =0.5cm
【尺寸】直径 38cm（圆形）
【钩织方法】
环形起针钩织主体。1 组花样重复 8 次，参照图解钩至第 34 行。

主体（第 1～18 行）

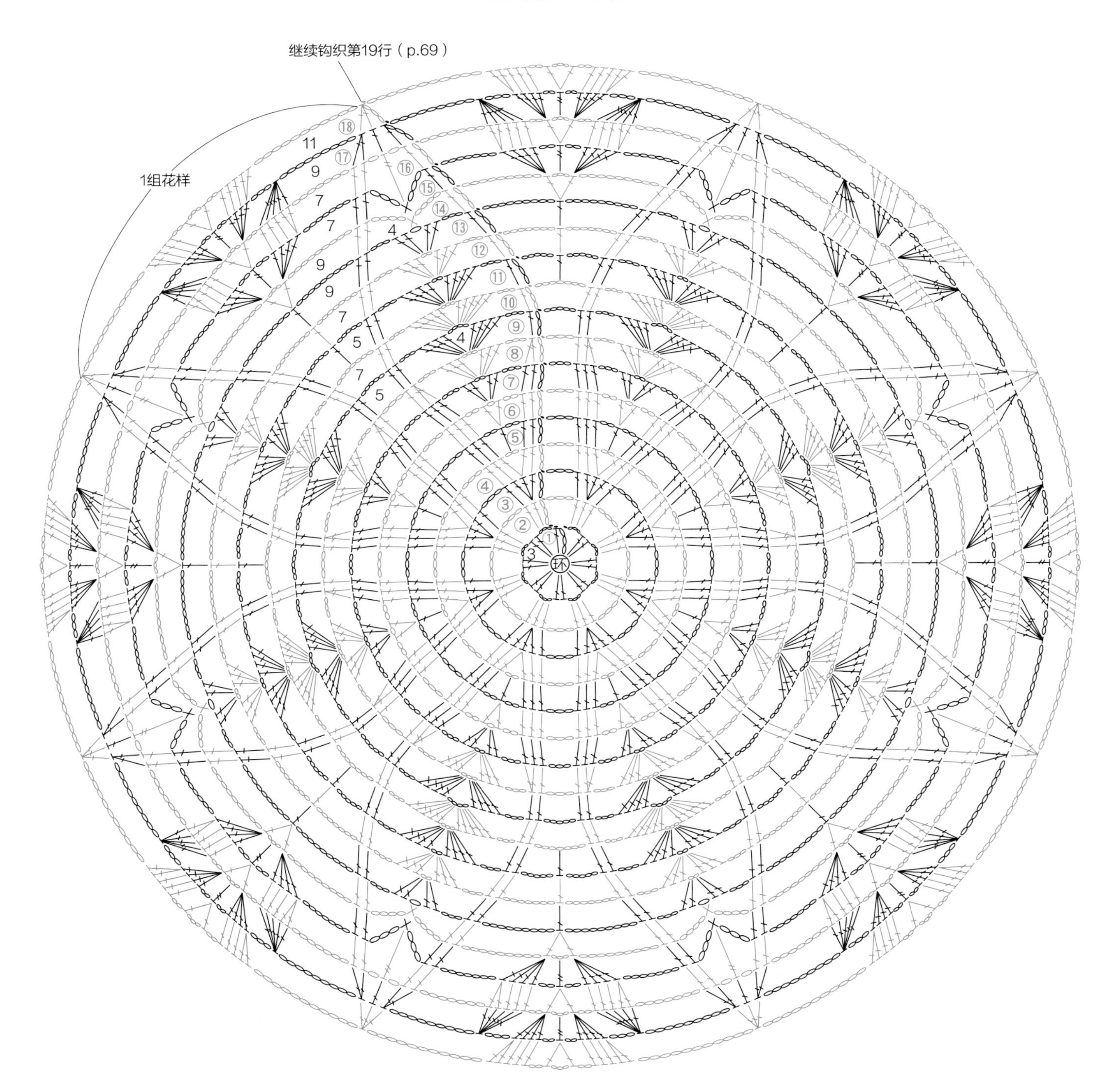

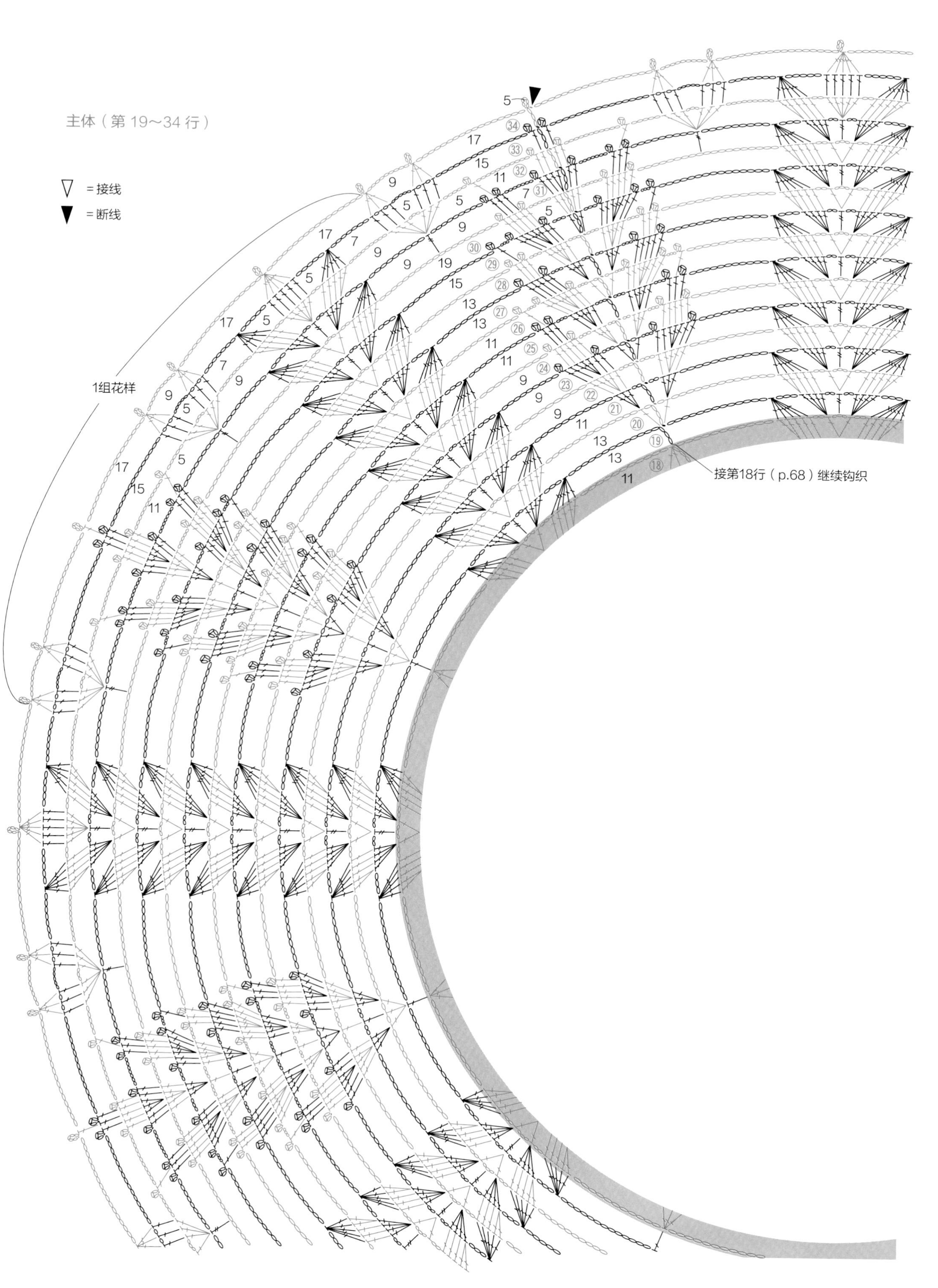

主体（第 19～34 行）
▽ = 接线
▼ = 断线
1组花样
接第18行（p.68）继续钩织

23 花与蝶

图片 / p.28　重点课程 /p.38

【线材】Olympus
金票 40 号蕾丝线 / 生成色（852）…27g
【针】蕾丝针 6 号
【密度】长针 /1 行 =0.5cm
【尺寸】直径 29.5cm（正圆）
【钩织方法】
1　参照"主体的钩织方法"钩织主体。
2　参照图解钩织蝴蝶织片，连接在主体的指定位置。
3　参照图解钩织小花片，缝合在主体的指定位置。

主体的钩织方法

① 钩 10 针锁针，在第 1 针上引拔作环，整束挑起起针的环钩织第 1 行。
② 参照图解钩织第 2～23 行，1 组花样重复 10 次。
③ 第 24～30 行分别钩织每组花样。❶直接钩织，❷～❿在指定位置接新线钩织。
④ 一边钩织蝴蝶织片一边将之连接在主体的指定位置上。

主体第 9～16 行花样的钩织方法

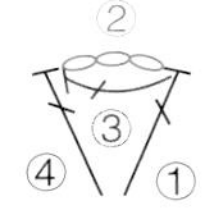

钩①的长针，钩②的3针锁针，③的长针挑①长针的顶部钩织，接着钩④的长针（参照p.38）

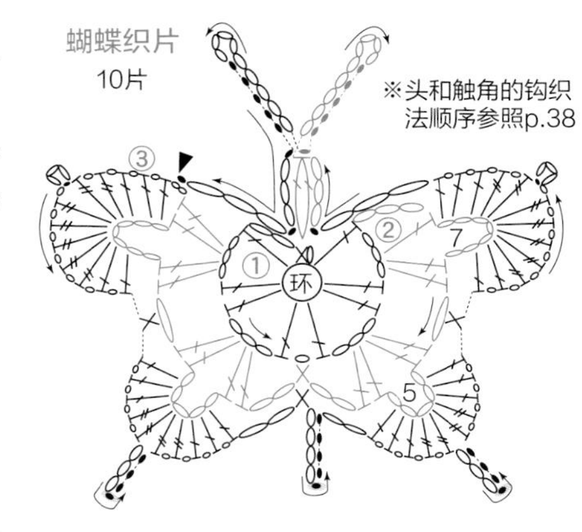

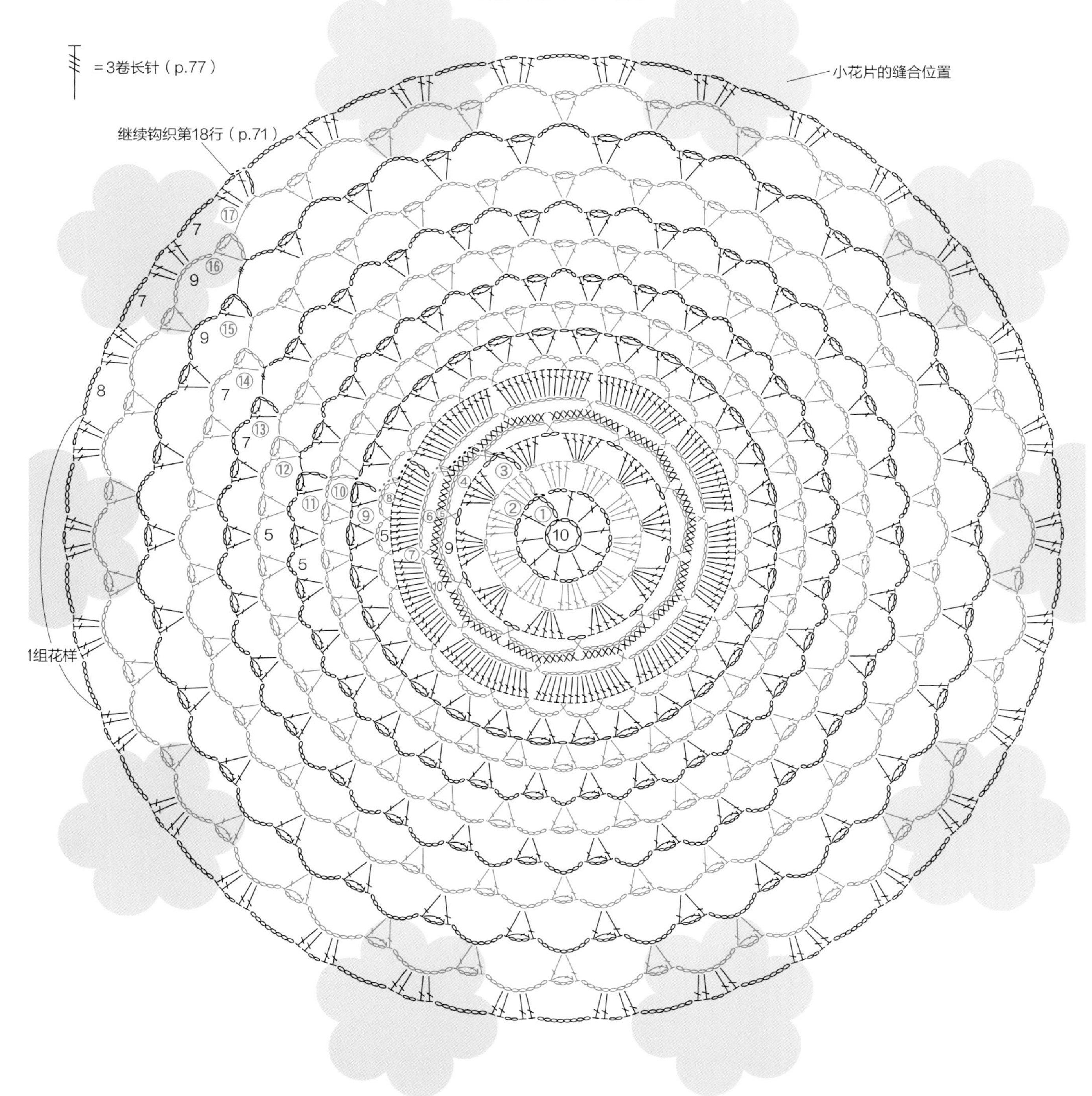

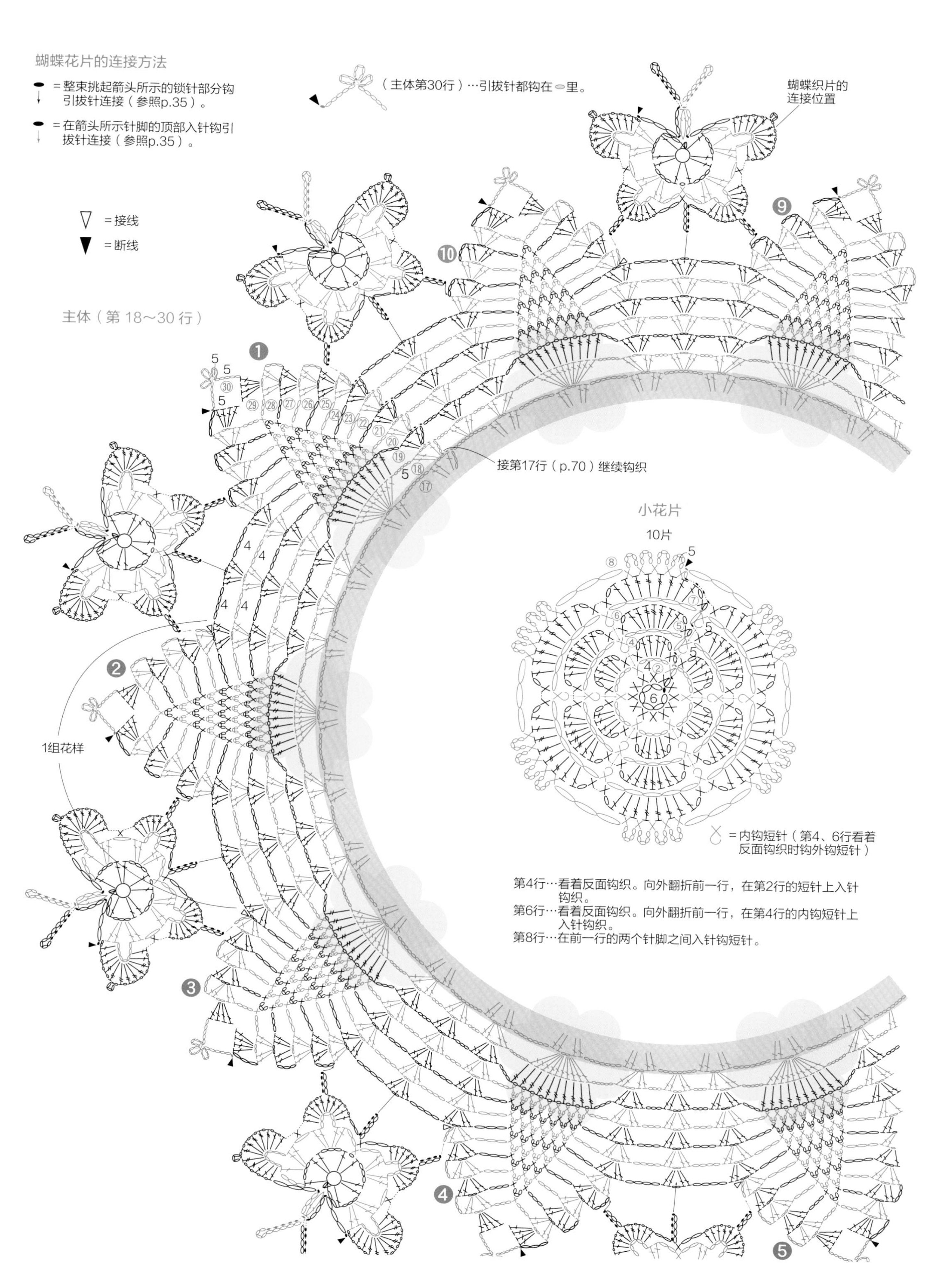
蝴蝶花片的连接方法
= 整束挑起箭头所示的锁针部分钩引拔针连接（参照p.35）。
= 在箭头所示针脚的顶部入针钩引拔针连接（参照p.35）。
（主体第30行）…引拔针都钩在里。
蝴蝶织片的连接位置
= 接线
= 断线
主体（第18～30行）
接第17行（p.70）继续钩织
1组花样
小花片
10片
= 内钩短针（第4、6行看着反面钩织时钩外钩短针）
第4行…看着反面钩织。向外翻折前一行，在第2行的短针上入针钩织。
第6行…看着反面钩织。向外翻折前一行，在第4行的内钩短针上入针钩织。
第8行…在前一行的两个针脚之间入针钩短针。

24 小花

图片 ／ p.29

【线材】DARUMA
蕾丝线 30 号 葵 / 米白色（15）…45g
【针】蕾丝针 4 号
【密度】长针 /1 行 =0.5cm
【尺寸】直径 33cm（正圆）

【钩织方法】
1 环形起针钩织主体，第 1 行钩 8 个短针。第 2～15 行参照图解钩织，1 组花样重复 8 次。
2 第 16 行按照❶～㉔的顺序一边钩织小花片一边连接。❶与第 15 行连接，从❷开始连接相邻的小花片和第 15 行。
3 整束挑起第 16 行的小花片钩第 17 行，按照图解 1 组花样重复 24 次，钩至第 21 行。
4 第 22 行按照❶～㉔的顺序一边钩织小花片一边与第 21 行相连接。在第 21 行和第 22 行上入针钩第 23 行。第 24 行参照图解钩织。

主体（第 1～15 行）

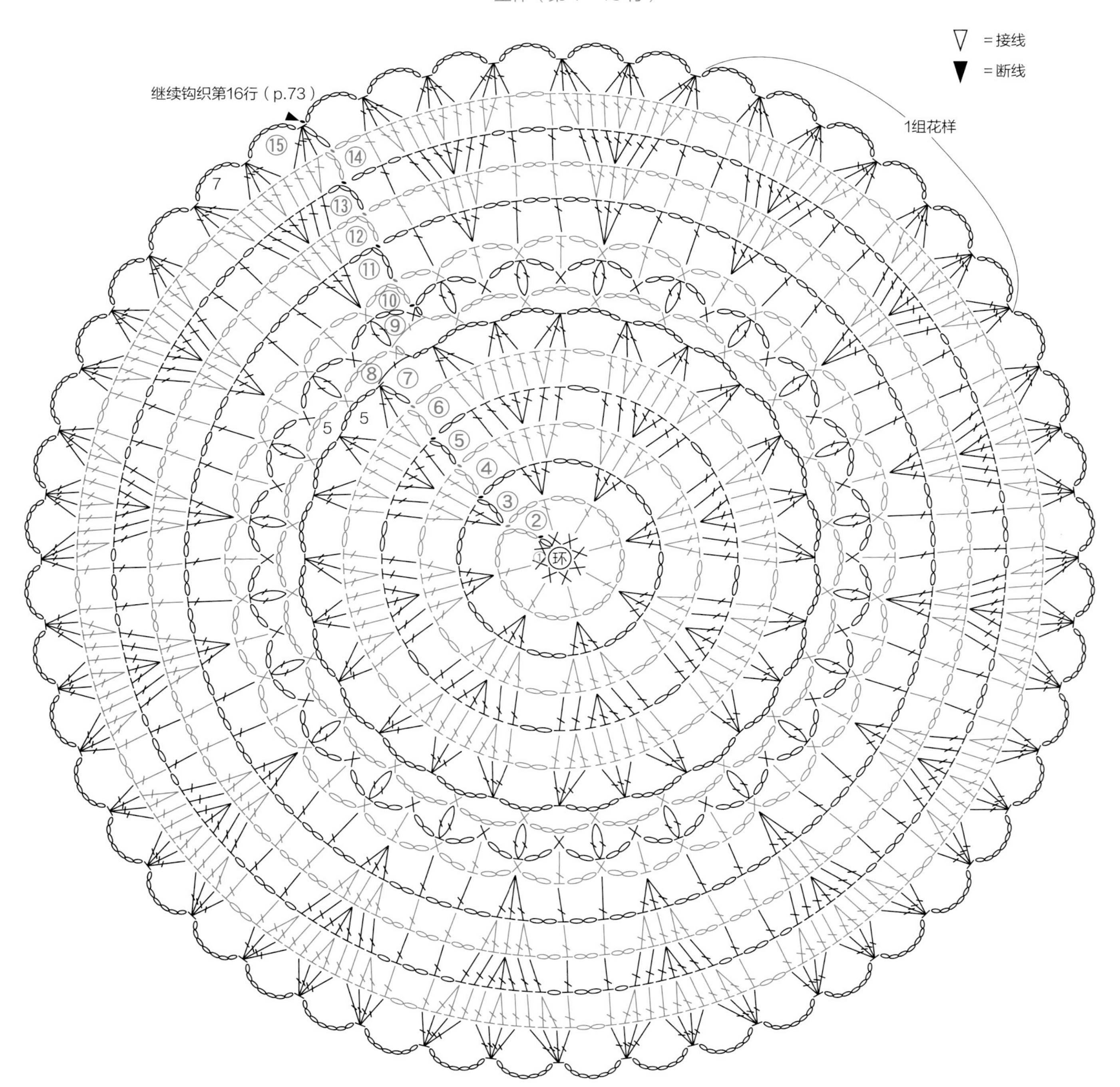

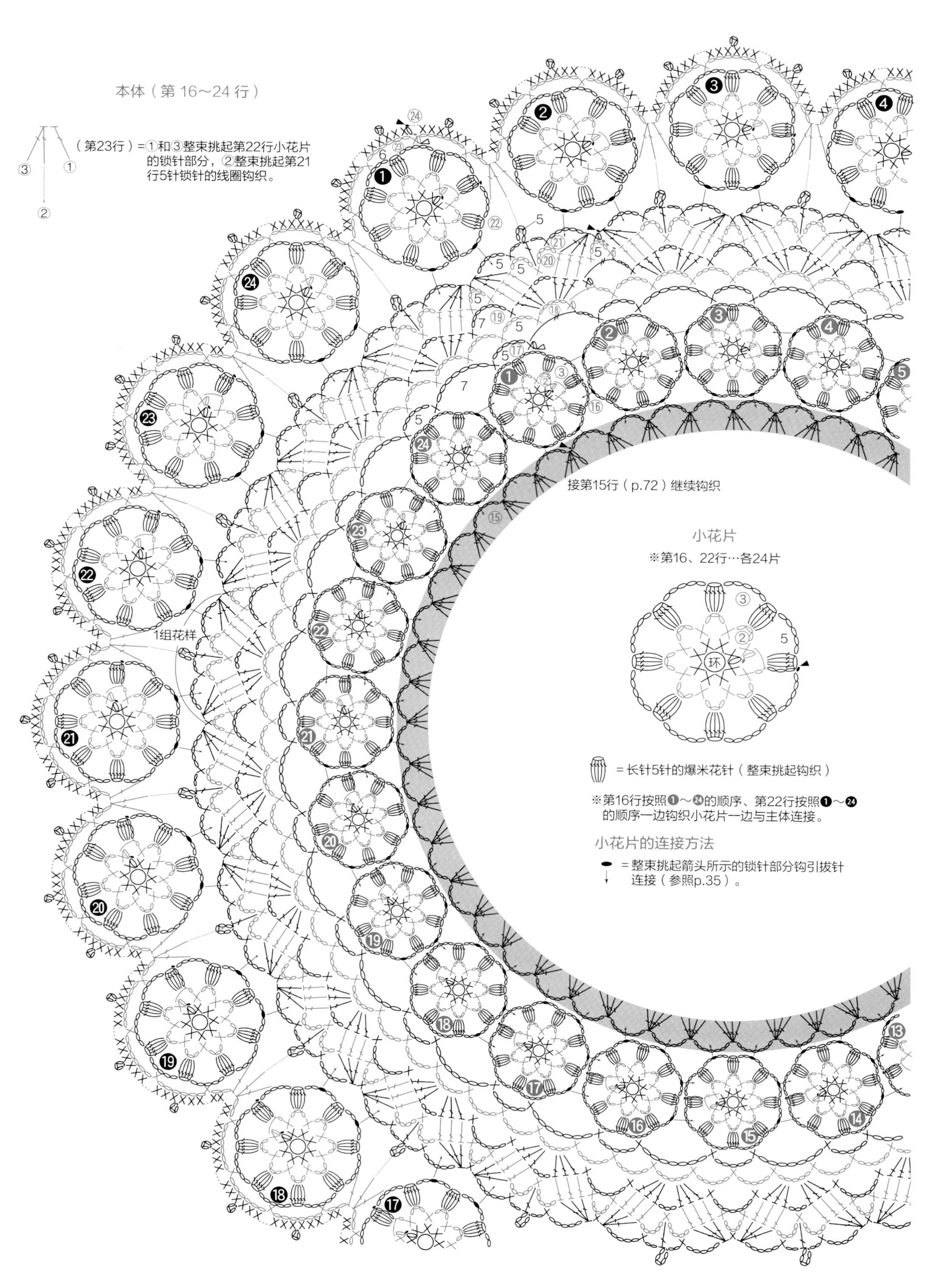
本体（第 16～24 行）
（第23行）=①和③整束挑起第22行小花片的锁针部分，②整束挑起第21行5针锁针的线圈钩织。
接第15行（p.72）继续钩织
1组花样
小花片
※第16、22行…各24片
环
= 长针5针的爆米花针（整束挑起钩织）
※第16行按照❶～㉔的顺序、第22行按照❶～㉔的顺序一边钩织小花片一边与主体连接。
小花片的连接方法
= 整束挑起箭头所示的锁针部分钩引拔针连接（参照p.35）。

25 百合

图片 ／ p.30

【线材】Olympus
金票 40 号蕾丝线 / 生成色（852）…31g
【针】蕾丝针 8 号
【密度】方眼钩织 / 10cm=21 格 × 25.5 行
【尺寸】长 39cm × 宽 37cm（菱形）
【钩织方法】
1　起 16 针锁针钩织主体。按照图解在两侧一边加减针一边钩织方眼花样，钩至第 97 行（方眼钩织的方法参照 p.34、35）。
2　参照图解围绕主体钩一圈边缘花样。

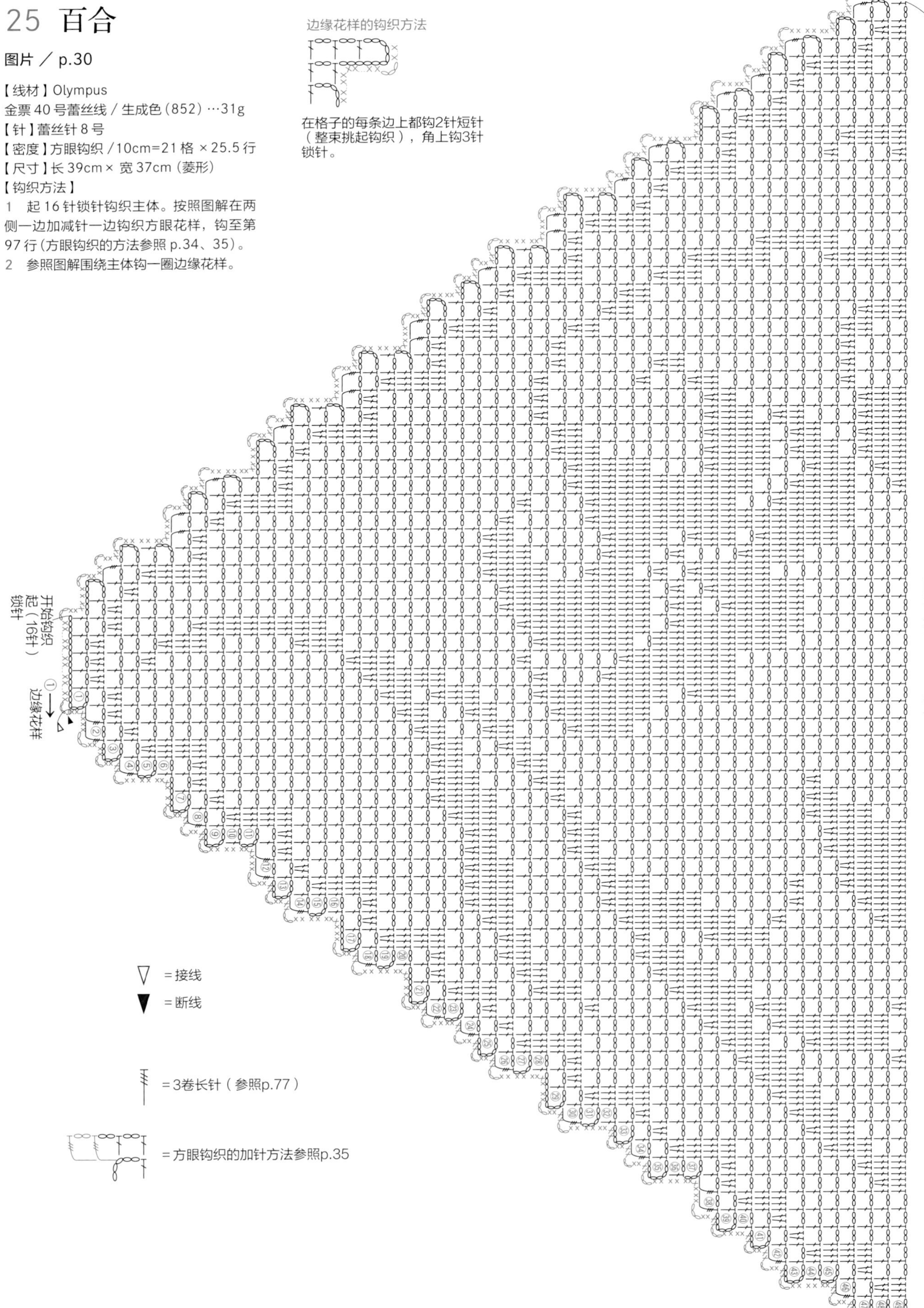

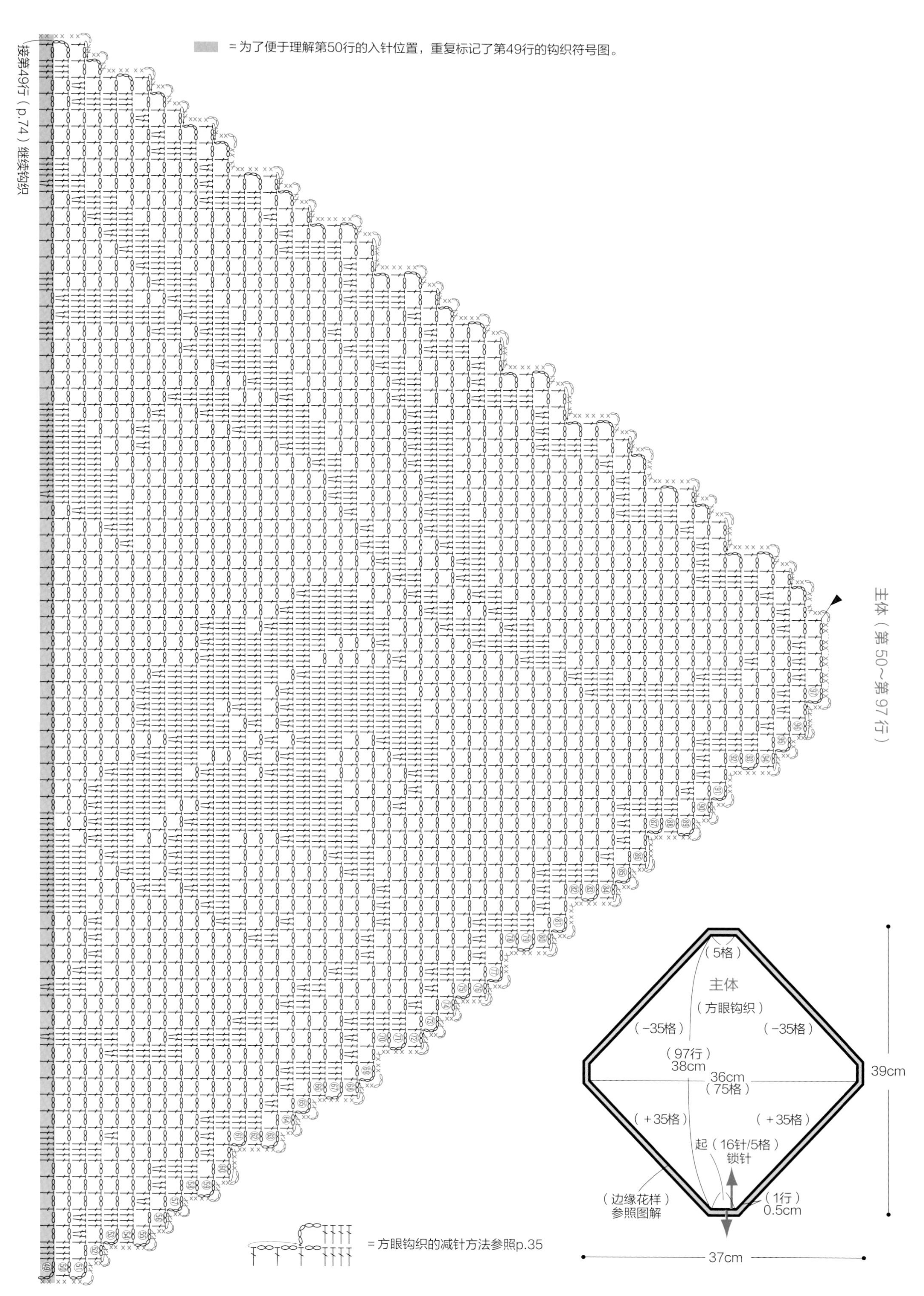

= 为了便于理解第50行的入针位置，重复标记了第49行的钩织符号图。
接第49行（p.74）继续钩织
主体（第50～第97行）
= 方眼钩织的减针方法参照p.35
（5格）
主体
（方眼钩织）
（-35格）
（-35格）
（97行）
38cm
36cm
（75格）
39cm
（+35格）
（+35格）
起（16针/5格）
锁针
（边缘花样）
参照图解
（1行）
0.5cm
37cm

钩针编织基础

符号图的阅读方法

本书中的编织符号均按照日本工业标准（JIS）规定，表现的是织片正面所呈现的状态。钩针编织不区分正针和反针（内钩针和外钩针除外），正面和反面交替钩织时，钩织符号的表示是相同的。

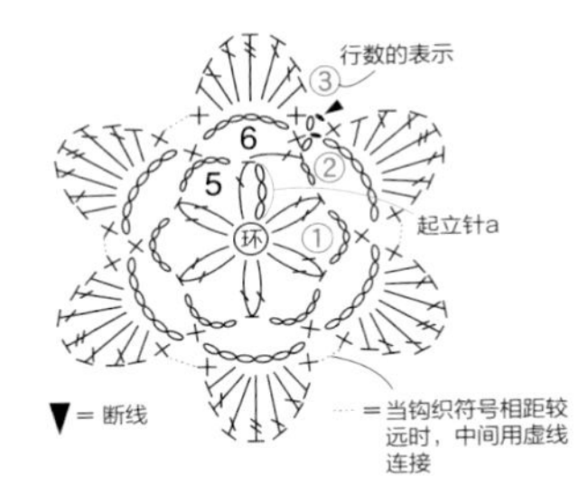

从中心开始进行环形钩织时

在中心作环形（或锁针）起针，依照环形逐圈钩织。每圈起始位置都需要先钩起立针（起立的锁针）再继续钩织。一般是将织片正面朝上，按从右往左的顺序进行钩织。

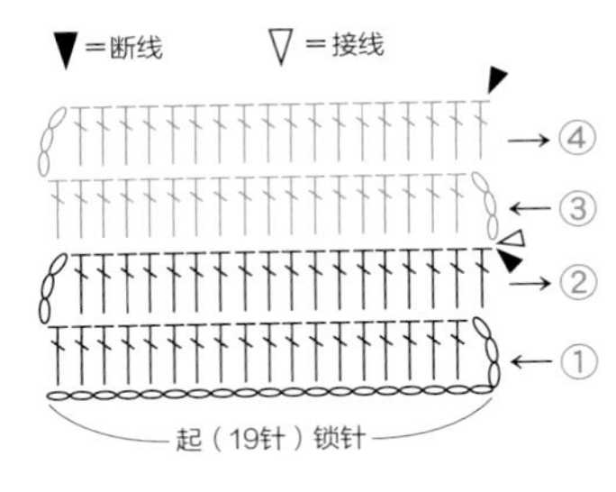

片织时

起立针分别位于织片的左右两侧。当起立针位于织片右侧时，在织片正面按照图示从右往左进行钩织。当起立针位于织片左侧时，在织片反面按照图示从左往右进行钩织。图中表示在第3行根据配色进行换线。

线和针的握法

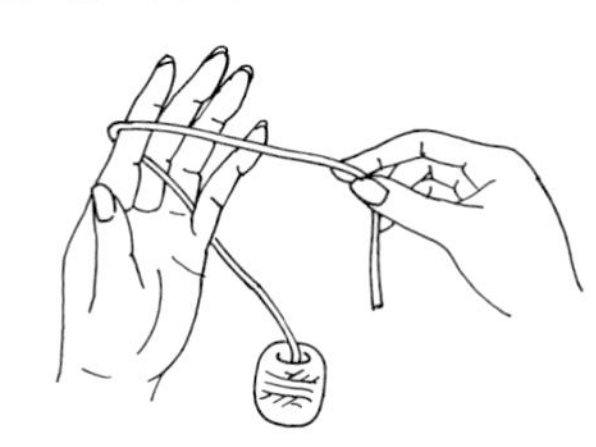

1
将线穿过左手的小指和无名指，绕过食指，置于手掌前。

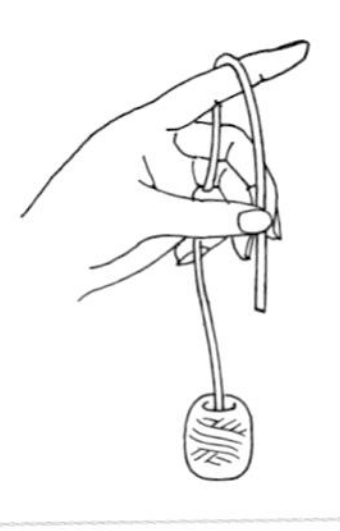

2
用大拇指和中指捏住线头，竖起食指使线绷紧。

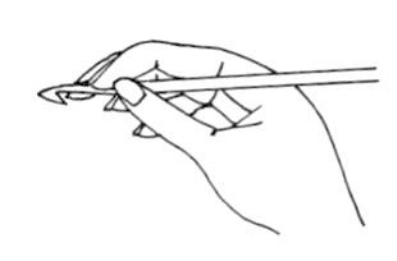

3
用右手大拇指和食指持针，中指轻轻抵住针头。

起始针的钩织方法

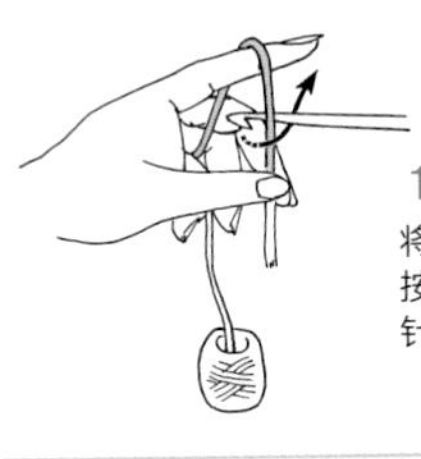

1
将钩针放在线的内侧，按箭头所示方向转动钩针。

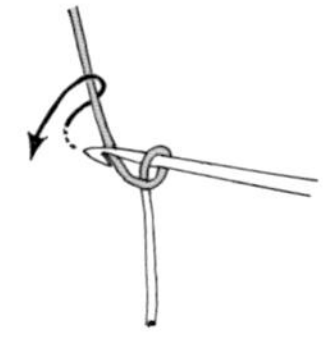

2
再将线挂在针上。

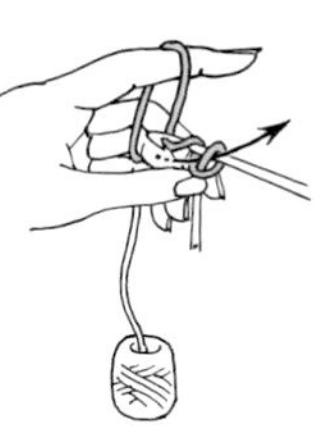

3
将钩针从线圈中拉出。

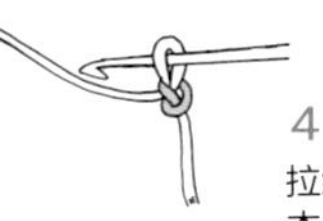

4
拉线头收紧线圈，基本针便完成了（此针不计入针数中）。

起针

从中心开始
进行环形钩织时
（绕线制作线环起针）

1
在左手食指上绕线两圈制作线环。

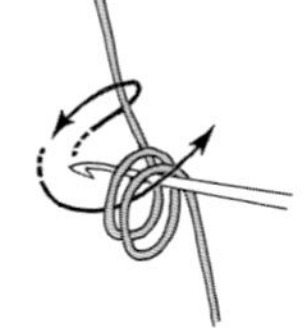

2
从食指上取下环后用手捏住，钩针插入环中，按照箭头所示方向挂线后引出。

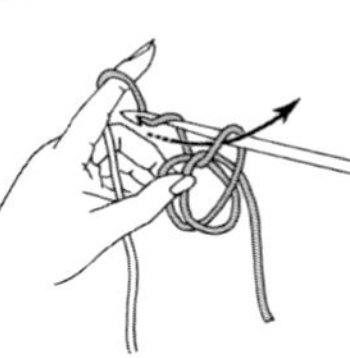

3
继续在钩针上挂线引出，完成1针锁针，作为起立针。

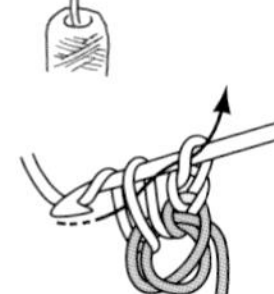

4
将针插入环内，继续钩织所需针数的短针，完成第1圈。

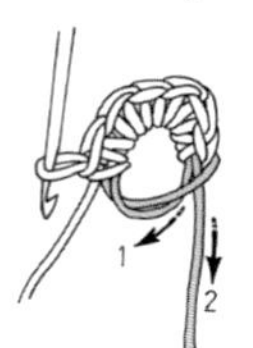

5
将钩针抽出，先拉紧线头1，接着拉紧线头2。

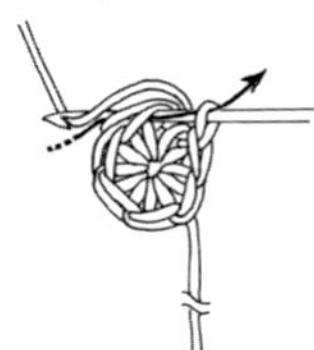

6
第1圈结束时，将钩针插入起针的第1个短针顶部，挂线引出。

从中心开始
进行环形钩织时
（锁针制作线环起针）

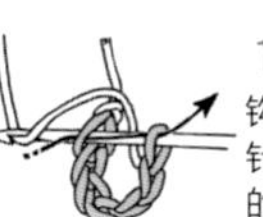

1
钩织所需针数的锁针，在起始的锁针的半针处入针，挂线引出。

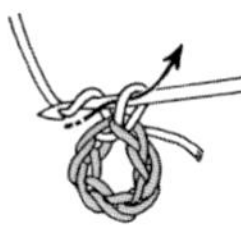

2
在针上挂线后引出，1针起立针便完成了。

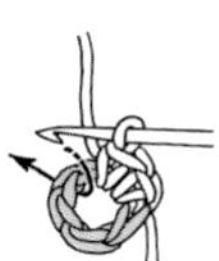

3
将钩针插入环内，把锁针整束挑起，钩织所需针数的短针。

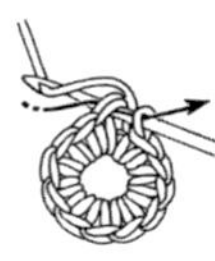

4
第1圈结束时，将钩针插入起针的第1个短针顶部，挂线引出。

片织时

1
钩织所需针数的锁针和起立针，然后将钩针插入倒数第2个锁针的半针内，挂线引出。

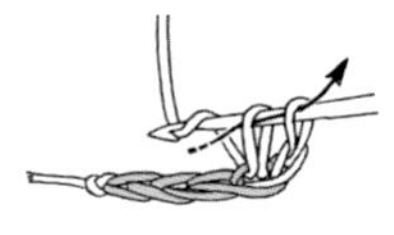

2
在针上挂线后，按照箭头所示方向引出。

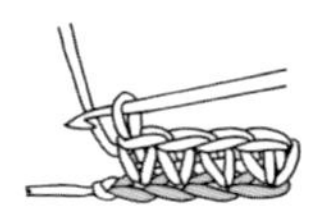

3
第1行完成后的状态（起立针不计为1针）。

锁针的识别方法

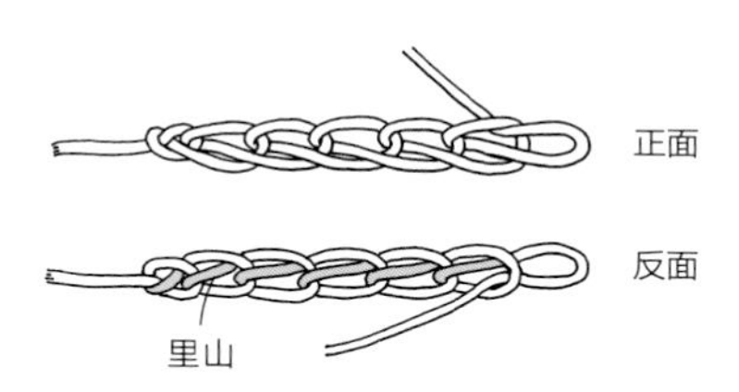

锁针有正反两面。反面中间突出的一根线，称为锁针的“里山”。

在上一行挑针的方法

在1个针脚中钩织

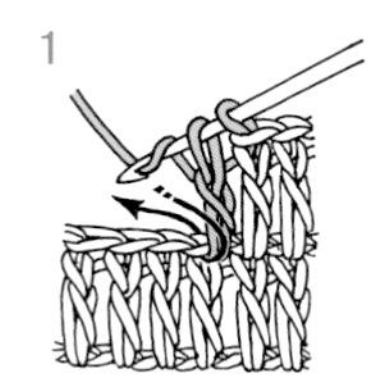
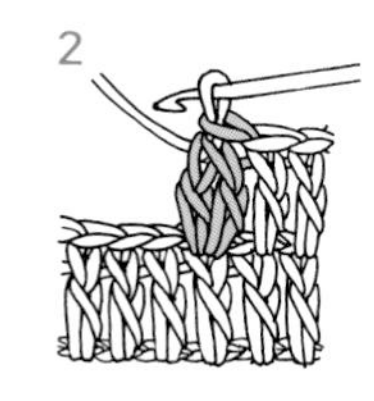

将锁针整束挑起钩织

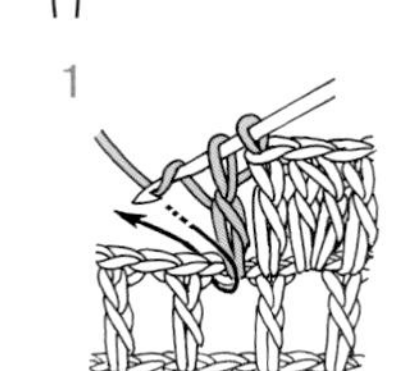
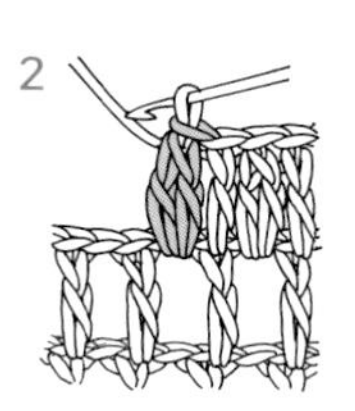

根据符号的不同，即使是相同的枣形针挑针方式也不同。符号下方为闭合状态时，要在上一行的1个针脚处挑针，符号下方为打开状态时，则要将上一行的锁针整束挑起进行钩织。

钩针编织符号

锁针

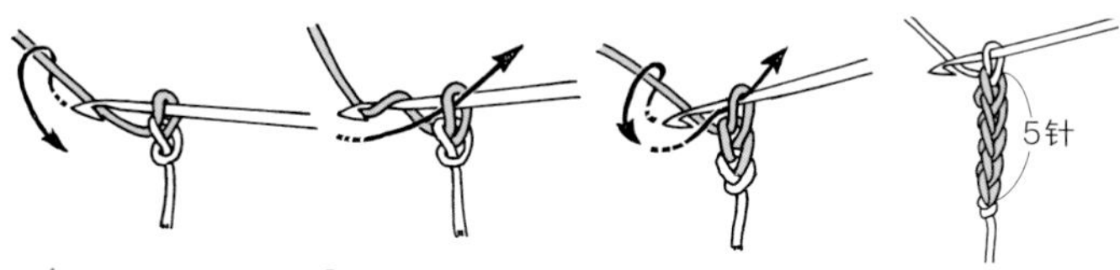

1 起针后按照箭头所示方向转动钩针。

2 挂线，将线钩出。

3 重复步骤1和2继续钩织。

4 5针锁针完成。

引拔针

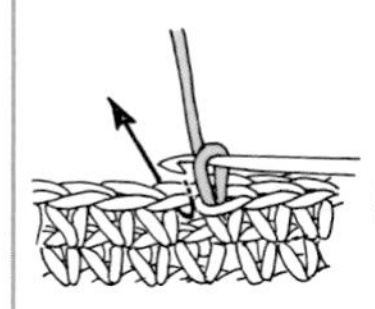

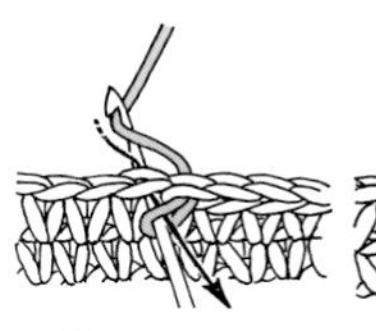

1 在上一行的针脚处入针。

2 在针上挂线。

3 将线一次性引拔钩出。

4 1针引拔针完成。

短针

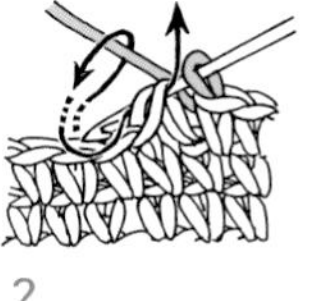
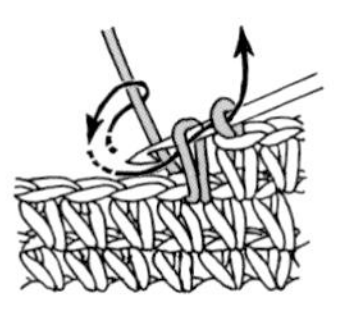

1 在上一行的针脚处入针。

2 在针上挂线，朝着自己的方向扭动钩针，将线引出（此时的状态称作“未完成的短针”）。

3 挂线，一次性引拔穿过2个线圈。

4 1针短针完成。

中长针

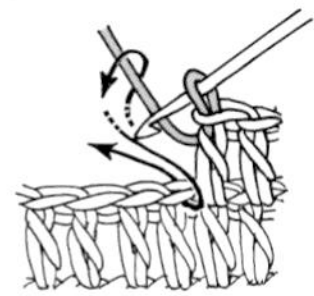
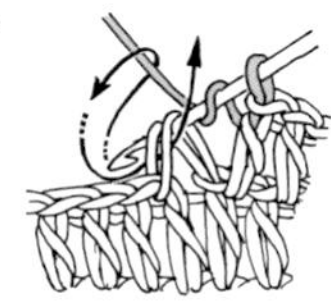
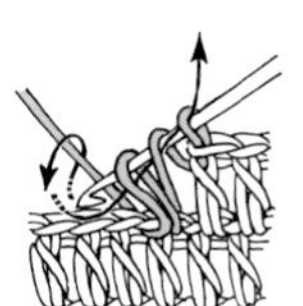
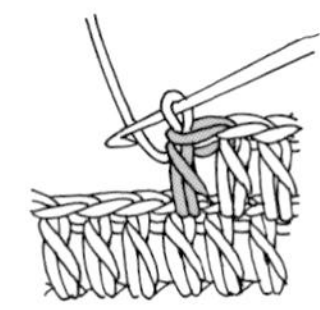

1 针上挂线，在上一行的针脚处入针。

2 再挂线，然后朝着自己的方向扭动钩针，将线引出（此时的状态称作“未完成的中长针”）。

3 针上挂线，一次性引拔穿过3个线圈。

4 1针中长针完成。

长针

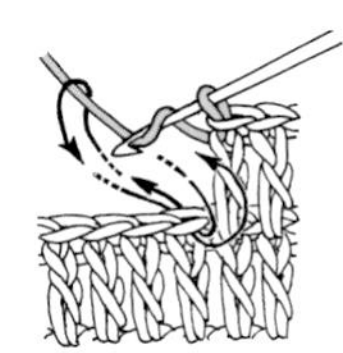
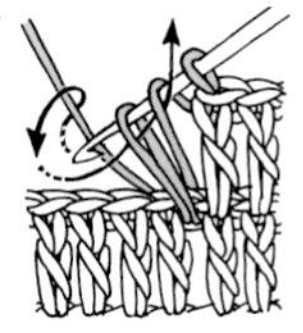
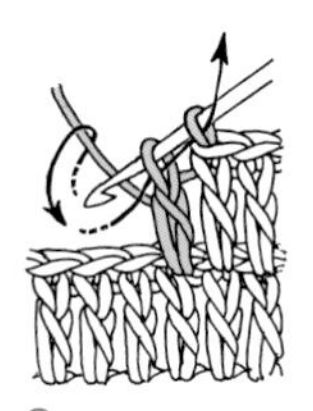
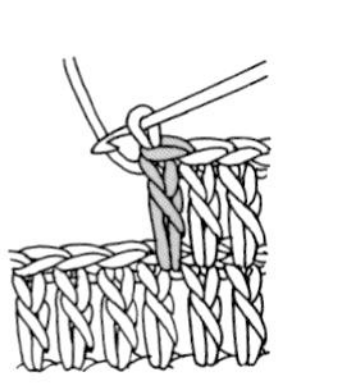

1 针上挂线，在上一行的针脚处入针，转动钩针将线引出。

2 按照箭头所示方向挂线，一次性引拔穿过前2个线圈（此时的状态称作“未完成的长针”）。

3 再一次针上挂线，按照箭头所示方向将剩下的2个线圈一次性引出。

4 1针长针完成。

长长针　三卷长针 =（●）　四卷长针 =（▲）

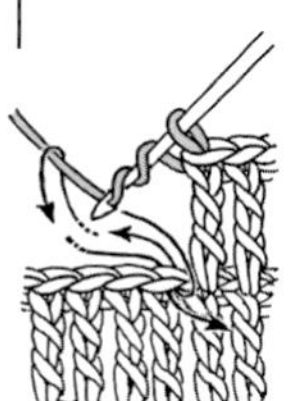
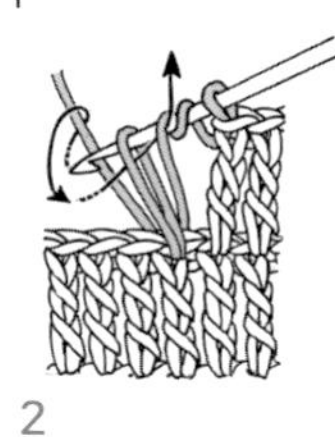
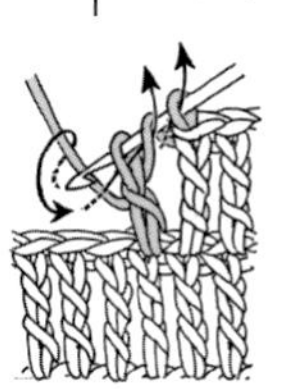
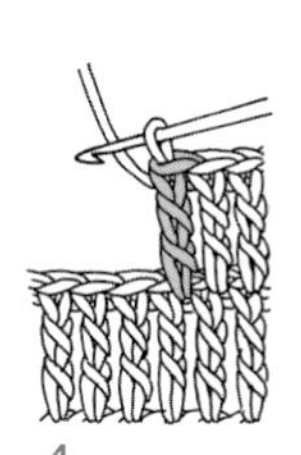

1 在针上绕2圈线（●=3圈、▲=4圈），将钩针插入上一行的针脚内，针上挂线穿过线圈引拔钩出。

2 按照箭头所示方向挂线，一次性引拔穿过前2个线圈。

3 同样的步骤重复2次（●=3次、▲=4次）。※重复1次时（●=2次、▲=3次）的状态称为未完成的长长针（●=未完成的3卷长针、▲=未完成的4卷长针）。

4 1针长长针完成。

短针1针分2针

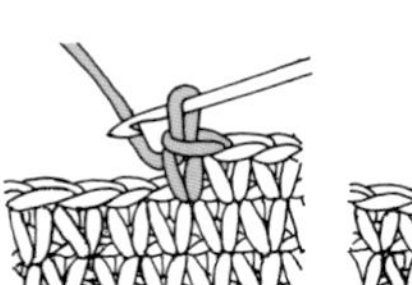

1
钩1针短针。

2
在同一个针脚处入针，挂线再钩1针短针。

短针1针分3针

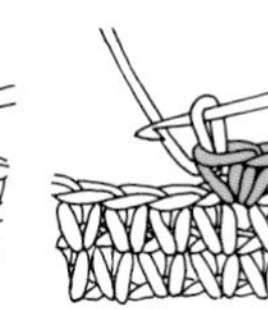

3
此时为短针1针分2针完成后的状态。在同一针脚处再钩1针短针。

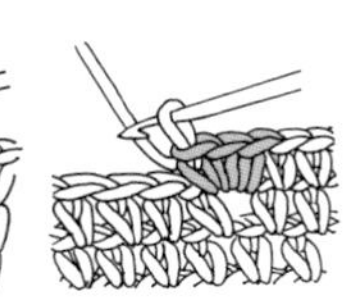

4
短针1针分3针完成。此时比上一行增加2针。

短针2针并1针

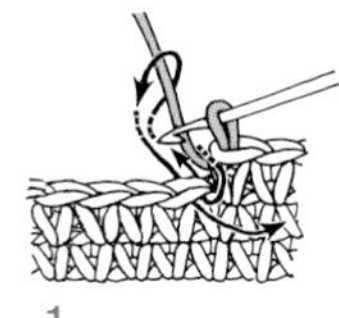

1
在上一行的针脚处入针，按照箭头所示方向挂线，将线引出。

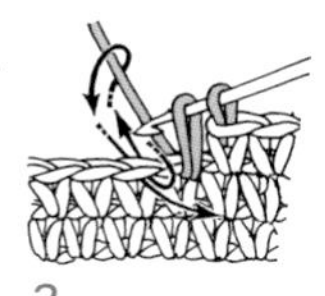

2
在下一针处，用同样方法再挂线钩1针。

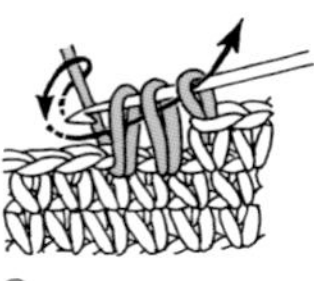

3
针上挂线，一次性引拔穿过钩针上的3个线圈。

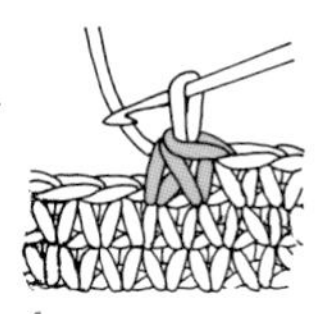

4
短针2针并1针完成。此时比上一行针数减少1针。

长针1针分2针

※ 针数为2针以上及非长针的情况下，也使用相同的要领在上一行的针脚处钩入指定的针数。

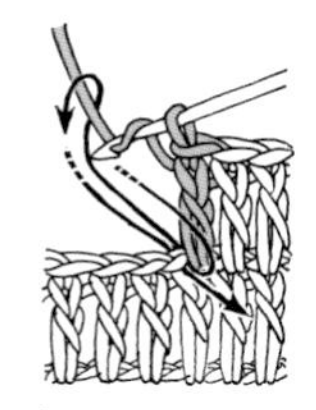

1
钩1针长针，针上挂线后在同一针脚入针，再次将线引出。

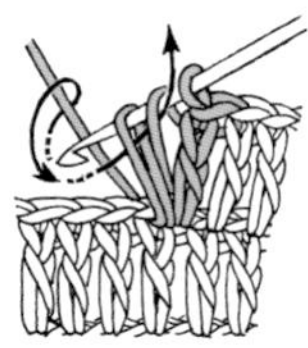

2
针上挂线，一次性引拔穿过前2个线圈。

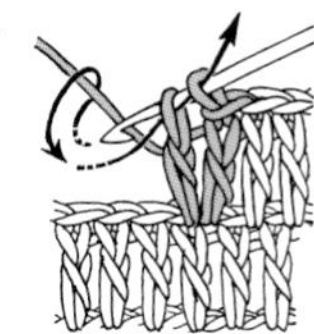

3
再次挂线，将剩余的2个线圈一次性引拔。

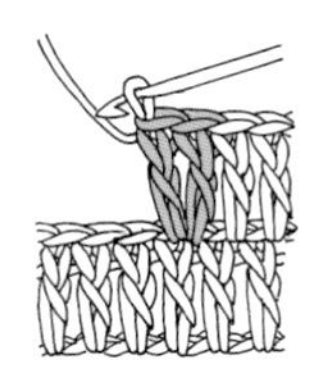

4
长针1针分2针完成。此时比上一行针数增加1针。

长针2针并1针

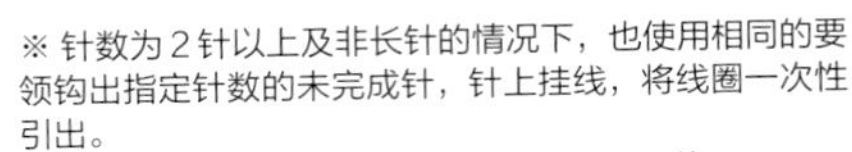

※ 针数为2针以上及非长针的情况下，也使用相同的要领钩出指定针数的未完成针，针上挂线，将线圈一次性引出。

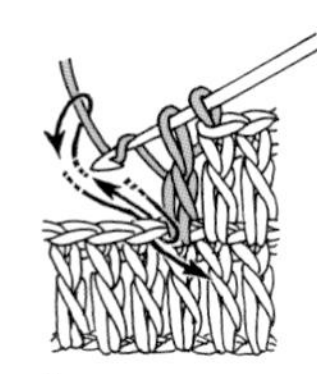

1
在上一行中钩织1针未完成的长针（参照p.77），下一针按照箭头所示方向挂线入针再引出。

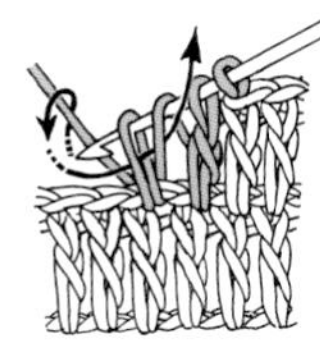

2
针上挂线，将2个线圈一次性引拔，钩第2针未完成的长针。

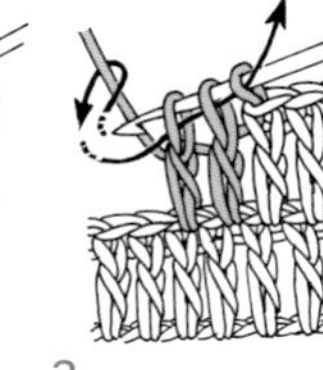

3
针上挂线，按照箭头所示方向一次性引拔穿过3个线圈。

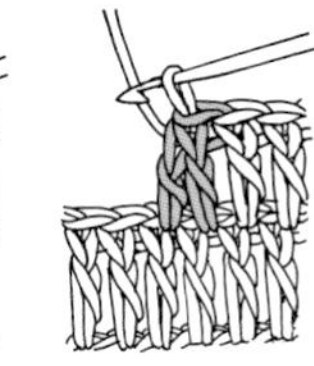

4
长针2针并1针完成。此时比上一行针数减少1针。

锁针3针的狗牙拉针

※ 针数为3针以外的情况下，在步骤1时钩出指定针数的锁针后，也用同样的方法钩织。

1
钩3针锁针。

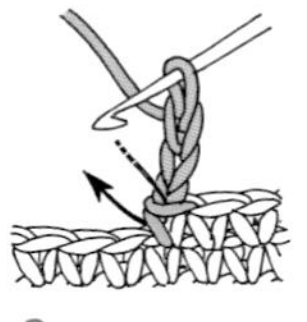

2
同时挑起短针的顶部半针和底部的1根线。

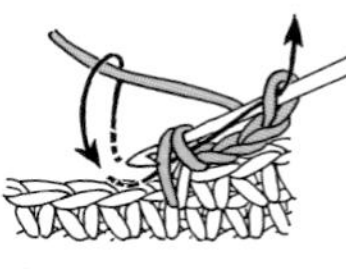

3
针上挂线，按照箭头所示方向将3个线圈一次性引拔拉出。

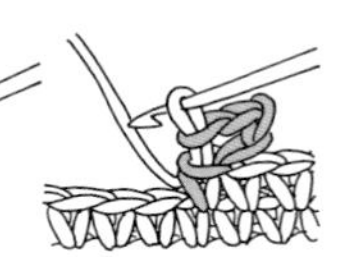

4
锁针3针的狗牙拉针完成。

长针3针的枣形针

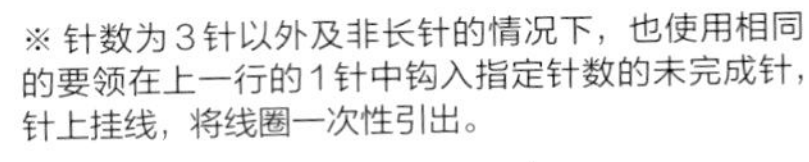

※ 针数为3针以外及非长针的情况下，也使用相同的要领在上一行的1针中钩入指定针数的未完成针，针上挂线，将线圈一次性引出。

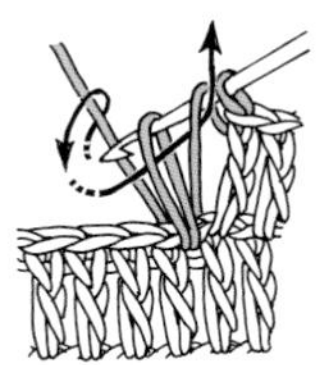

1
在上一行的针脚处入针，钩1针未完成的长针（参照p.77）。

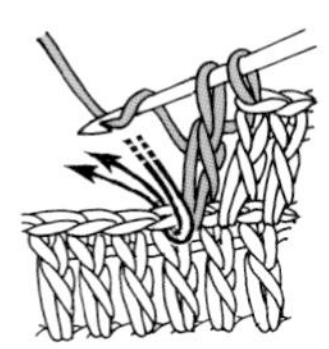

2
在同一个针脚处入针，继续钩2针未完成的长针。

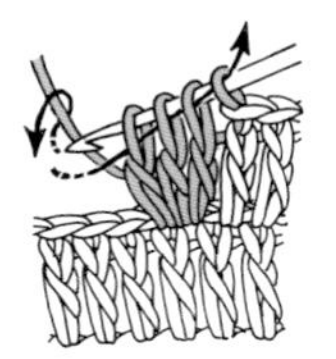

3
针上挂线，一次性引拔穿过4个线圈。

4
长针3针的枣形针完成。

短针的条纹针

※ 短针以外的条纹针，也使用相同的要领，挑起上一行针脚的外侧半针，钩织指定针法。

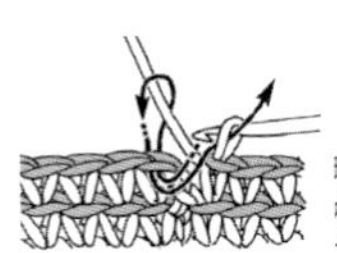

1
每一行都看着正面钩织。钩完1圈后在最初的针上引拔。

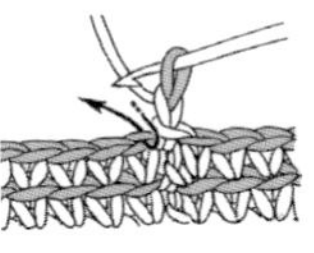

2
钩1针锁针作为起立针，挑起上一行针脚的外侧半针，钩织短针。

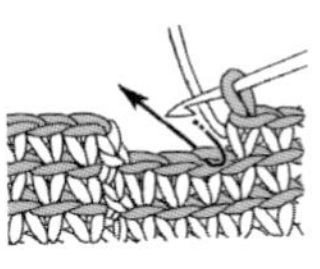

3
重复步骤2继续钩织短针。

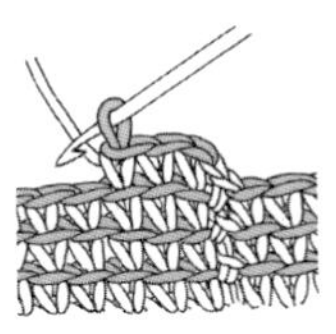

4
上一行留下的内侧半针呈现条纹状。图中为钩织第3圈短针的条纹针时的状态。

短针的棱针

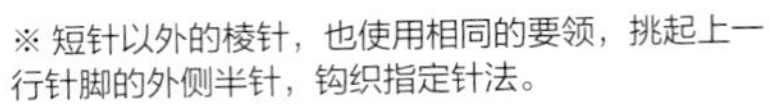

※ 短针以外的棱针，也使用相同的要领，挑起上一行针脚的外侧半针，钩织指定针法。

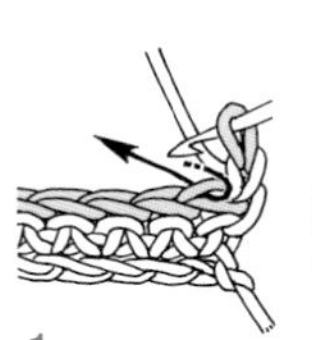

1
按照箭头所示方向，在上一行的外侧半针处入针。

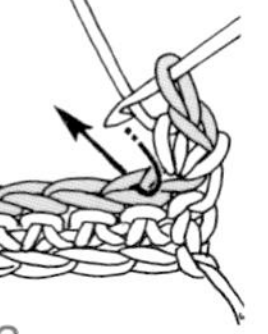

2
钩1针短针，下一针同样挑起外侧半针钩织。

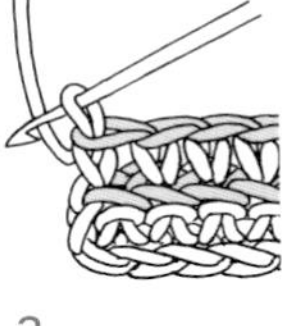

3
钩至行末后翻转织片。

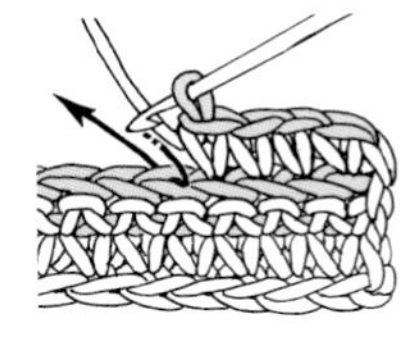

4
使用与步骤1、2相同的方法，挑起外侧半针钩织短针。

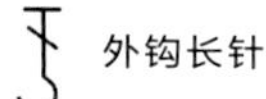

外钩长针

※ 往返钩织反面行时，钩内钩针。
※ 长针以外的外钩针，也使用相同的要领在步骤 1 钩入指定针法。

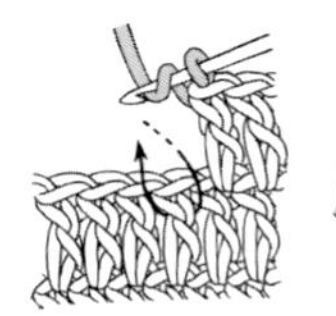

1
针上挂线，按照箭头所示方向从上一行长针的根部入针，挑起整束长针。

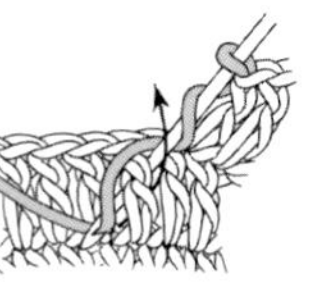

2
针上挂线，按照箭头所示方向将线稍稍拉长后引出。

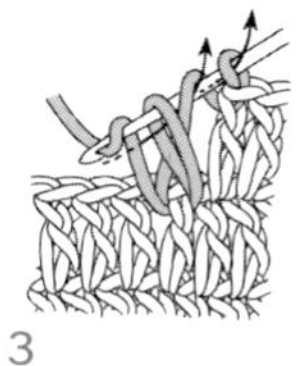

3
再一次挂线，一次性引拔穿过 2 个线圈。重复同样的动作 1 次。

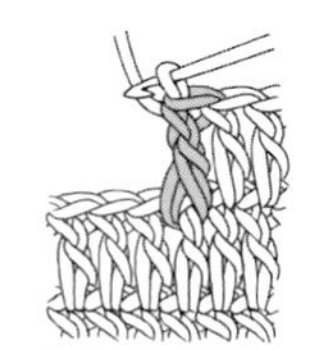

4
1 针外钩长针完成。

内钩长针

※ 往返钩织反面行时，钩外钩针。

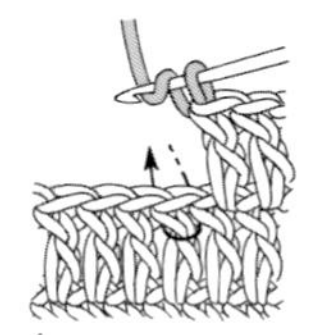

1
针上挂线，按照箭头所示方向从上一行长针根部的反面入针。

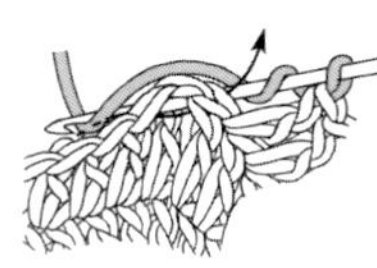

2
针上挂线，按照箭头所示方向从织片的另一侧引出。

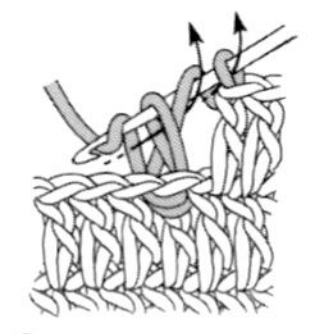

3
将线稍稍拉长，再一次针上挂线，一次性引拔穿过 2 个线圈，重复同样的动作 1 次。

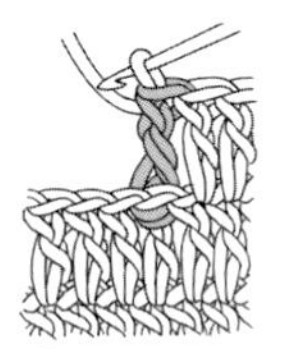

4
1 针内钩长针完成。

外钩短针

※ 往返钩织反面行时，钩内钩针。

1
按照箭头所示方向在上一行短针根部入针，整束挑起短针。

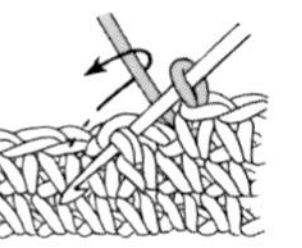

2
针上挂线，按照箭头所示方向将线稍稍拉长后引出。

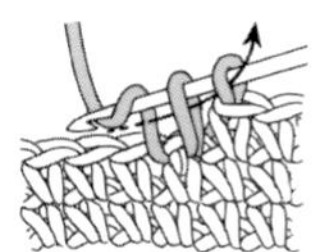

3
再一次挂线，一次性引拔穿过 2 个线圈。

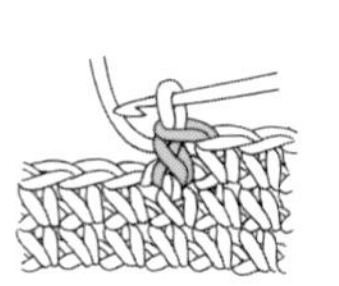

4
1 针外钩短针完成。

内钩短针

※ 往返钩织反面行时，钩外钩针。

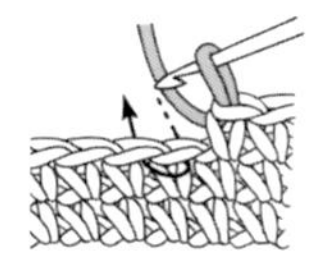

1
按照箭头所示方向从上一行短针根部的反面入针。

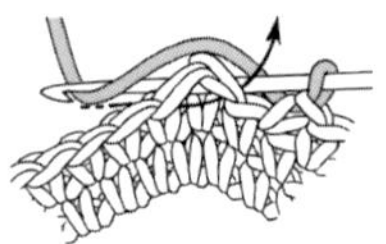

2
针上挂线，按照箭头所示方向从织片的另一侧引出。

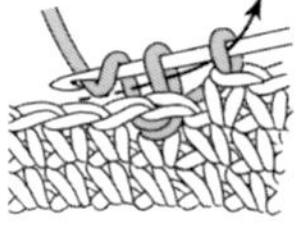

3
将线稍稍拉长，再一次针上挂线，一次性引拔穿过 2 个线圈。

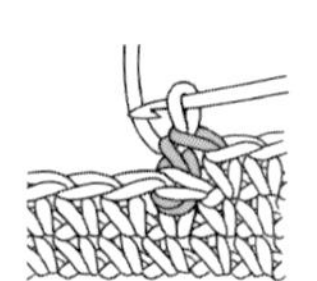

4
1 针内钩短针完成。

长针5针的爆米花针

※ 针数为 5 针以外的情况下，在步骤 1 钩入指定针数，使用相同的要领引拔钩织。

1
在上一行的同一针脚处钩 5 针长针，完成后暂时抽出钩针，按照箭头所示方向重新入针。

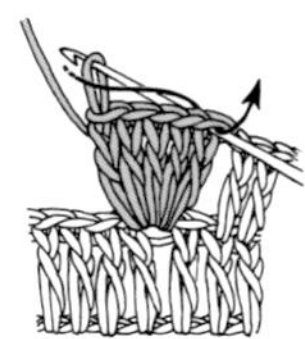

2
按照箭头所示方向将针上的线圈引出。

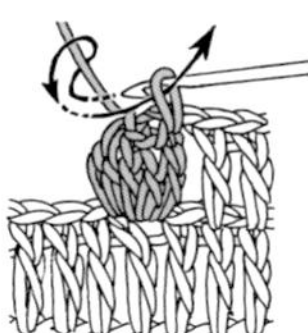

3
接着钩 1 针锁针，收紧线圈。

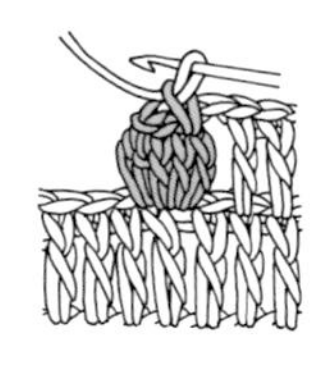

4
长针 5 针的爆米花针完成。

条纹花样的钩织方法
（圈织时，行末的换线方法）

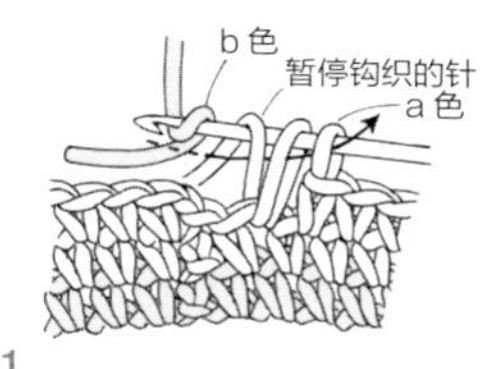

1
钩到行末短针的最后一步时，将 a 色线从前往后挂于针上暂时不钩，钩出下一行要用的 b 色线。

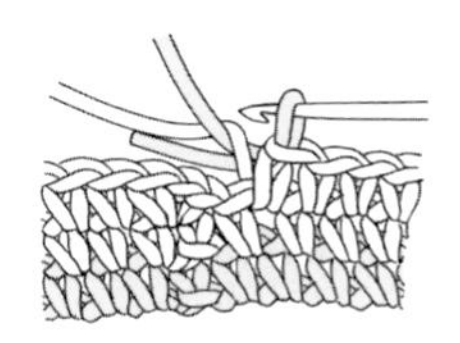

2
钩出 b 色线后的状态。a 色线位于反面暂时不钩，在第 1 针上入针，钩出 b 色线，引拔完成此圈。

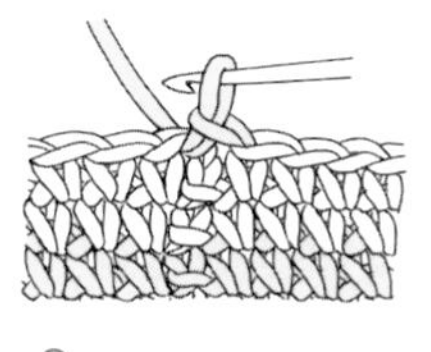

3
引拔完成后的状态。

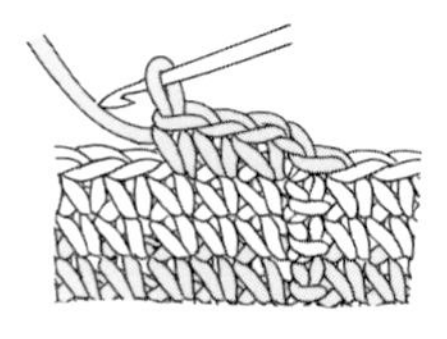

4
钩 1 锁针作为起立针，继续钩短针。

日文原版图书工作人员

图书设计 ◆ 阿部由纪子
摄影 ◆ 小塚恭子（作品 · 目录） 本间伸彦（步骤 · 线材样品图）
造型 ◆ 川村茧美
作品设计 ◆ 远藤裕美 冈鞠子 河合真弓 北尾 Lace · Associate（齐藤惠子 下村依公子 主代香织 铃木久美 铃木圣羽 高桥万百合 波崎典子 深泽昌子 和田信子）芹泽圭子
编织方法解说 · 绘图 ◆ 中村洋子
步骤协助 ◆ 河合真弓

原文书名：美しい手仕事 お花のレースドイリー
原作者名：E&G CREATES
Utsukushii Teshigoto Ohana No Lace Doily

著作权合同登记号：图字：01-2024-0740

图书在版编目（CIP）数据

蕾丝花片钩编图集 / 日本E&G创意编著；叶宇丰译. -- 北京：中国纺织出版社有限公司，2024.5
ISBN 978-7-5229-1431-2

Ⅰ. ①蕾… Ⅱ. ①日… ②叶… Ⅲ. ①钩针－编织－图集 Ⅳ. ①TS935.521-64

中国国家版本馆CIP数据核字（2024）第041645号

责任编辑：刘 茸　　特约编辑：刘 博
责任校对：王花妮　　责任印制：王艳丽

中国纺织出版社有限公司出版发行
地址：北京市朝阳区百子湾东里 A407 号楼 邮政编码：100124
销售电话：010—67004422 传真：010—87155801
http://www.c-textilep.com
中国纺织出版社天猫旗舰店
官方微博 http://weibo.com/2119887771
北京华联印刷有限公司印刷 各地新华书店经销
2024 年 5 月第 1 版第 1 次印刷
开本：787 × 1092 1/16 印张：5
字数：142 千字 定价：59.80 元